KB048955

서울시립과학관 선생님들과 함께하는 과학 여행

여행도 교육이다 과학편

창의력을 길러주는 진로 탐색 여행

과학을 사랑하는 아이로 키우기

서울시립과학관 선생님들과 함께하는

과학 여행

이정모 · 유정숙 · 이준하
최승혜 · 최지훈 · 허송이

상상아카데미

들어가기 전에

한가한 주말 오후, 집에서 텔레비전 채널을 여기저기 돌리거나 유튜브만 보고 있기에는 뭔가 아쉬운 마음이 들죠? 좀더 알차고 즐거운 여가생활은 없을까요? 놀이동산? 영화관? 쇼핑?

마땅히 떠오르는 생각이 없을 때 주위를 한번 둘러보세요. 묵묵히 움직이고 있는 시곗바늘, 방송이 나오고 있는 텔레비전, 음악이 흐르는 블루투스 스피커, 불을 켜는 스위치, 작은 열대어가 살고 있는 어항 속 공기펌프 등. 나를 둘러싸고 있는 수많은 물건들이 어떤 원리로 작동하고 있는지 궁금하지 않나요? 왜 그럴지? 어떻게 그렇지? 이런 질문들이 바로 과학적 호기심이에요.

과학은 과학자들이 연구하는 어려운 학문이기도 하지만, 일상 속 모든 것을 과학이라고 표현할 수 있을 정도로 우리는 과학에 둘러싸여 있어요. 단지 우리가 원리와 개념을 정확하게 알지 못해서 또는 과학자들이 사용하는 어려운 용어를 이해할 수 없어서 과학이 멀게만 느껴지는 거예요.

과학과 친해지는 방법이 없을까요? 좋은 방법이 있어요. 바로 과학이 있는 곳에 찾아가는 거예요. 책과 친해지고 싶으면 도서

관이나 서점에 가고 미술과 친해지고 싶으면 미술관에 가는 것처럼 과학과 친해지고 싶으면 과학관에 가면 돼요.

그저 책이 쌓여 있다고 도서관이 아니에요. 도서관에서는 사서 선생님들이 책을 모으고 도서관을 찾는 사람들을 책의 세계 속에서 헤매지 않도록 안내를 해 주어요. 미술관도 그저 그림을 모아 둔 곳이 아니에요. 예술가들이 만들어 낸 작품들을 주제와 시대에 맞추어서 이야기 흐름을 만들고 놓고 있지요. 마치 예술가와 같은 장소 같은 시대에 있는 것처럼 느끼게 해 주어요. 과학관도 마찬가지예요. 여러 가지 과학 주제를 마구잡이로 모아놓지 않았어요. 관람객들이 과학의 세계를 흥미롭게 탐험하도록 생각의 미로를 만들어 놓았지요.

우리나라에는 모두 136개의 과학관이 있어요. 이렇게나 많다니! 정말 놀랍죠? 그런데 우리 친구들은 몇 군데나 가 보았나요?

과학관은 저마다 모두 특징이 있어요. 우리 친구들이 어디에 어떤 과학관이 있는지 안다면 과학관을 찾아가는 흥미를 더 잘 알 수 있을 거예요. 이 책은 저와 서울시립과학관에서 일하는 다

셧 명의 과학자가 우리나라 과학관을 직접 탐사한 후 이야기를 썼어요. 지면이 한정되어 있어 주제가 뚜렷하고 아주 특징적인 과학관 23곳만 모았지요. 물론 여기에 소개하지 않은 과학관 중에도 놓치기 아쉬운 곳들이 많았어요. 과천국립과학관이나 대전 중앙과학관처럼 널리 알려진 곳은 굳이 소개하지 않았고요.

과학관은 단지 보는 곳이 아니에요. 하는 곳이죠. 과학관마다 다양한 교육 프로그램이 있으니 과학관에 갈 때는 어떤 프로그램에 참여할 수 있는지 확인하고 예약할 수 있는 곳은 예약하고 가는 것이 좋아요.

이번 주말에 가족과 함께 과학관 나들이를 해 볼까요? 참, 중요한 이야기를 빼놓았네요. 과학관에 가면 과학적인 호기심이 채워지고 상상력과 창의력이 키워지는 게 느껴질 거예요. 가장 중요한 게 하나 더 있어요. 바로 새로운 질문을 만들어 오는 것이에요. 과학은 의심과 질문에서 시작하거든요.

서울시립과학관 관장 이정모

서울시립과학관에
들어갈 때는 물음표,
나올 때는 느낌표.
물음표를 보니 자연에 대한
호기심이 더욱 커진 것
같네요.
과학관에서 나올 때
우리는 얼마나 많은
유레카를 외치게 될까요?

차례

4 들어가기 전에

11 이 책의 특징은

호기심을 조각하고 관찰을 코딩하라

14 서울시립과학관

01 지구의 역사를 찾아서 떠나요!

32 태백고생대자연사박물관

44 고성공룡박물관

56 한탄강지질공원센터

02 생명의 신비함과 소중함을 느껴요!

72 국립생태원

88 국립낙동강생물자원관

102 국립해양생물자원관

116 천수만, 서산버드랜드

03
물질이 가진 성질을 밝혀 볼까요?

130 서울하수도과학관
144 진천 종박물관
156 뮤지엄김치간
166 최무선과학관

04
과학과 우리의 마음이 만나는 곳에서 노래해요

182 서울에너지드림센터
194 번개과학관
206 참소리 축음기 & 에디슨 과학 박물관

05
천문우주에 대한 호기심이 쑥쑥 자라나요!

220 홍대용과학관
234 국립대구기상과학관
246 화천조경철천문대
258 나로우주센터 우주과학관

차례

06

미래를 상상하고 창의력을 키워요!

276 메이커시티, 세운

290 서울새활용플라자

302 넥슨컴퓨터박물관

과학여행과 함께 안전을 챙겨요!

318 광나루안전체험관

부록

328 전국의 과학관 소개

338 사진 출처

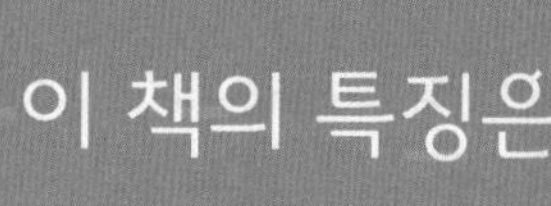

이 책의 특징은

첫째 여행도 교육이다

즐기는 것만으로 아이의 인생 테마를 만들어 주고, 그것이 진로가 될 수 있는 여행을 계획하세요. 여행에서 얻은 좋은 경험과 습관이 가장 훌륭한 교육입니다.

둘째 두근두근 과학 창의력 여행

과학관을 둘러보는 것만으로, 아이의 과학적 창의력을 깨우고 과학에 관심을 가질 수 있게 합니다. 다양한 경험과 꾸준한 관심이 아이의 과학 진로 형성에 큰 도움을 줄 것입니다.

셋째 소중한 기억이 큰 꿈으로

아이들이 이해하지 못했던 과학 지식, 경험하지 못했던 과학 체험들이 여행의 추억과 함께 자리 잡아, 어느 날 큰 꿈으로 자라날 것입니다.

과학이 보이는 도입

고성공룡박물관

태고의 신비, 공룡을 만나다

"중생대 백악기, 경상남도 고성의 거대한 호수 주변에서 먼 거리를 이동하느라 지친 공룡들이 쉬고 있네요. 그 옆에는 귀여운 아기 공룡 친구들이 서로 장난을 치고 있어요. 그런데 "쿵! 쿵! 쿵!" 앗! 멀리 어마어마한 육식 공룡이 이쪽으로 오고 있네요. 어미 공룡! 아기 공룡! 위험해요. 빨리 도망가야 해요."

과학관의 테마와 관련된 멋진 사진과 흥미로운 이야기로 아이의 상상력과 과학적 호기심을 키울 수 있습니다.

과학관 속으로

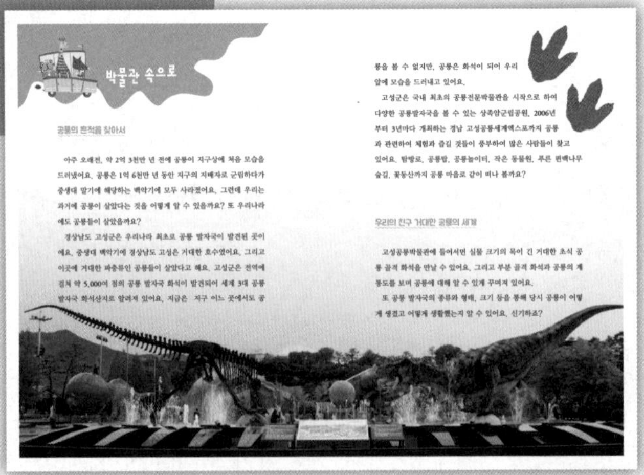
박물관 속으로

공룡의 흔적을 찾아서

아주 오래전, 약 2억 3천만 년 전에 공룡이 지구상에 처음 모습을 드러냈어요. 공룡은 1억 6천만 년 동안 지구의 지배자로 군림하다가 중생대 말기에 해당하는 백악기에 모두 사라졌어요. 그런데 우리는 과거에 공룡이 살았다는 것을 어떻게 알 수 있을까요? 또 우리나라에도 공룡들이 살았을까요?

경상남도 고성군은 우리나라 최초로 공룡 발자국이 발견된 곳이에요. 중생대 백악기에 경상남도 고성은 거대한 호수였어요. 그리고 이곳에 거대한 파충류인 공룡들이 살았다고 해요. 고성군은 전역에 걸쳐 약 5,000여 점의 공룡 발자국 화석이 발견되어 세계 3대 공룡 발자국 화석산지로 알려져 있어요. 지금은 지구 어느 곳에서도 공룡을 볼 수 없지만, 공룡은 화석이 되어 우리 앞에 모습을 드러내고 있어요.

고성군은 국내 최초의 공룡전문박물관을 시작으로 하여 다양한 공룡발자국을 볼 수 있는 상족암군립공원, 2006년부터 3년마다 개최하는 경남 고성공룡세계엑스포까지 공룡과 관련하여 체험과 즐길 것들이 풍부하여 많은 사람들이 찾고 있어요. 탐방로, 공룡탑, 공룡놀이터, 작은 동물원, 푸른 편백나무 숲길, 꽃동산까지 공룡 마을로 같이 떠나 볼까요?

우리의 친구 거대한 공룡의 세계

고성공룡박물관에 들어서면 실물 크기의 목이 긴 거대한 초식 공룡 골격 화석을 만날 수 있어요. 그리고 부분 골격 화석과 공룡의 계통도를 보며 공룡에 대해 알 수 있게 꾸며져 있어요.

또 공룡 발자국의 종류와 형태, 크기 등을 통해 당시 공룡이 어떻게 생겼고 어떻게 생활했는지 알 수 있어요. 신기하죠?

과학관을 둘러보며 어떤 것들을 보고 느낄 수 있는지 사진과 함께 재미있게 구성하였습니다.

과학관 100배 즐기기

과학관이나 과학관 주변에서 이루어지는 체험이나 행사들을 소개하여 함께 즐기고 체험할 수 있습니다.

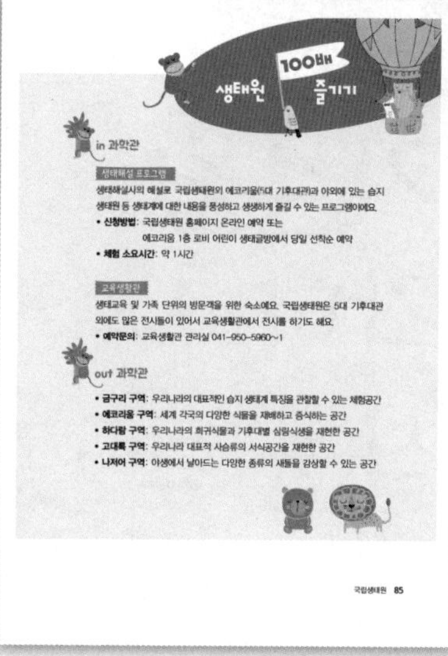

in 과학관

생태해설 프로그램

생태해설사의 해설로 국립생태원의 에코리움(5대 기후대관)과 야외에 있는 습지 생태원 등 생태계에 대한 내용을 풍성하고 생생하게 즐길 수 있는 프로그램이에요.

- **신청방법**: 국립생태원 홈페이지 온라인 예약 또는
  에코리움 1층 로비 어린이 생태글방에서 당일 선착순 예약
- **체험 소요시간**: 약 1시간

교육생활관

생태교육 및 가족 단위의 방문객을 위한 숙소예요. 국립생태원은 5대 기후대관 외에도 많은 전시들이 있어서 교육생활관에서 전시를 하기도 해요.

- **예약문의**: 교육생활관 관리실 041-950-5960~1

out 과학관

- **금구리 구역**: 우리나라의 대표적인 습지 생태계 특징을 관찰할 수 있는 체험공간
- **에코리움 구역**: 세계 각국의 다양한 식물을 재배하고 증식하는 공간
- **하다람 구역**: 우리나라의 희귀식물과 기후대별 삼림식생을 재현한 공간
- **고대륙 구역**: 우리나라 대표적 사슴류의 서식공간을 재현한 공간
- **나저어 구역**: 야생에서 날아드는 다양한 종류의 새들을 감상할 수 있는 공간

국립생태원 85

잘 다녀왔어요

과학관 여행을 다녀온 뒤 즐거운 활동을 통해 과학에 더 흥미를 느끼고 소중한 추억을 남길 수 있습니다.

지구 환경을 생각하는 에너지 사용의 아이디어를 써 보세요.

서울에너지드림센터 193

서울시립과학관

호기심을 조각하고 관찰을 코딩하라

서울시립과학관
SEOUL SCIENCE CENTER

과학의 언어, 세계의 언어

지구상에 살고 있는 69억 인구가 사용하는 언어는 무려 6,700여 가지나 된다고 해요. 그런데 과학을 배운 사람들은 하나의 언어로 이야기할 수 있어요. 이 세상 모든 물질을 나타내는 기호인 원소 기호와 화학식이 바로 과학 언어예요. 예를 들면 산소의 원소 기호는 O, 수소의 원소 기호는 H, 물의 화학식은 H_2O예요.

서울시립과학관에 들어서면 이러한 원자들을 규칙적으로 배열해 놓은 전시물을 볼 수 있어요. 바로 주기율표 모양의 사물함이에요. 각 사물함에는 알파벳으로 되어 있는 원소 기호들이 적혀 있어요. 좋아하는 원소의 기호를 찾아 자신의 물건을 보관하고 과학관 관람을 시작해 볼까요?

예술로 승화한 과학 요소

1층 로비에서 위를 올려다보면 과학관의 전체 구조를 알 수 있어요. 먼저 새하얀 벽면과 천장의 반짝이는 대형 LED 구조물이 눈에 띄네요. 이것

은 광활한 우주의 수많은 별을 표현한 것이라고 해요. 건물의 층과 층 사이도 독특한데, 1층과 2층 사이에 $\sqrt{2}$(루트2)층이 있고, 3층보다 약간 높은 층에는 π(파이)층이 있어요.

그 아래로 높게 솟은 기둥 건축물은 뭘까요? 바로 다이나믹 토네이도라는 전시물이에요. 바닥에서 발생하는 수증기가 천장까지 올라갈 수 있도록 거대한 팬이 바람을 일으키고, 각 기둥에서 미세한 바람을 뿜어 인공회오리가 천장까지 닿을 수 있도록 도와주어요. 높이가 무려 11미터로 아시아 최대 규모라고 해요. 하루에 일곱 번 정해진 시간에 가동되며, 하루 세 번 과학관의 해설사 선생님들이 라이브 쇼도 진행한다고 해요. 꼭 한번 관람하면서 거대한 토네이도의 웅장함을 느껴 보세요.

날씨가 맑은 날 과학관에 방문하면 벽에 생기는 천연 무지개를 볼 수 있어요. 유리로 된 천장에 색색의 셀로판지를 씌워 하얀 벽면에 나타나도록 한 것이에요.

이곳 과학관에는 새하얀 벽면에 초록, 오렌지, 파랑, 빨강의 원색들로 대표되는 상설 전시실 네 곳이 마련되어 있어요. 초록은 인간과 자연의 공존을 뜻하고, 오렌지는 생명, 파랑은 연결을 뜻하는 네트워크, 빨강은 열정과 에너지를 나타내요.

자연과 조화를 이루는 도시 생태

먼저 G 전시실로 들어가 볼까요? 이곳은 서울이라는 도시에서 인간과 자연이 조화를 이루며 함께 사는 것에 대한 이야기를 다루고 있어요. 많은 도시개발 속에서도 자연 그대로 보존된 서울의 밤섬에 찾아오는 다양한 철새들과 북한산에 살아가는 동식물들의 생태를 증강현실(AR)을 통해 볼 수 있고, 가끔 주택가로 내려와 화젯거리가 되는 멧돼지 실물도 만나볼 수 있어요. 반대편에 위치한 수족관에서는 한강에 사는 민물고기들의 다양한 생태를 관찰할 수 있어요.

서울의 지형을 나타내는 전시물도 있네요. 손으로 모래를 높게 쌓아올리면 천장에 달린 센서가 작동하여 높은 지대를 붉은색으로 변화시키면서 산이 만들어져요. 또 이어서 숲에 나무가 자라기 시작해요. 반대로 모래를 긁어 깊게 파내면 그 지역이 파란색으로 변하면서 호수나 강이 만들어져요. 군데군데에서 춤추는 사람들과 산책하는 강아지들이 나타나면서 우리 친구들을 반겨 주어요.

세계적인 거대 도시인 서울에는 높은 건물들과 자동차가 많아요. G 전시실에서는 고층 빌딩이 밀집한 지역에서 발생하는 유난히 센 '빌딩풍'이라는 바람과 봄철마다 심각하게 발생하는 미세먼지, 열섬현상과 냉섬현상 등 도시 특유의 현상을 경험해 볼 수 있어요. 또 강폭이 넓기로 유명한 한강을 가로지르는 튼튼한 다리들의 건설 원리를 이해하고 구조물을 만들어 보는 활동도 할 수 있어요. 이곳에서 도시 생태를 이해하고, 자연과 조화를 이루는 공존의 가치를 함께 꿈꾸어 보세요.

Green
공존 Harmony
한강에는 어떤 동식물이 살까?
빌딩 사이에서 바람이 어떻게 불까?
아이디어 제작소에서는
3D 프린터로 전시물들이
제작되는 과정을
볼 수 있어요.

'나'라는 생명이 살고 있는 일상적인 삶

$\sqrt{2}$층으로 올라가면 생존을 주제로 한 O 전시실이 있어요.

인간의 생명과 일상에서의 모습을 과학적 현상으로 이해할 수 있게 꾸며져 있어요.

나의 미래의 모습은 어떨까요? 이곳에서는 인간의 탄생부터 성장, 생애 주기에 따른 신체 변화를 살펴볼 수 있는 영상체험을 할 수 있어요. 그리고 나의 유전 정보를 담고 있는 DNA, 나의 몸을 이루고 있는 인체 기관 등도 다양한 전시물을 통해 살펴볼 수 있어요.

참! 우리 친구들은 주변의 거의 모든 물질들이 탄소로 이루어져 있다는 것을 알고 있나요? O 전시실에 마련된 '탄소로 이루어진 세상'에서는 과거부터 현재, 미래에도 인류 문명을 이끌어 갈 탄소의 중요성과 가치를 설명해 주고 있어요. 어려운 내용이 많지만, 우리 생활 속에 많은 과학적 원리가 담겨져 있다는 것을 이해하고 좀 더 과학을 가깝게 느낄 수 있는 경험이 될 거예요.

Orange
생존 Life
Seoul
우리 주변에서
탄소로 만들어진 것을
찾아보아요.
5:1

세상과 세상을 연결하다

B 전시실은 세상과 세상을 연결한다는 의미의 네트워크를 주제로 하고 있어요. 우리의 생활과 공간, 그리고 기술로 확장된 복잡한 세상에 대한 과학적 원리와 사례를 종합적으로 보여 주고 있어요. 공간의 연결을 대표하는 교통 시스템과, 인간의 생각과 행동을 결정하는 뇌, 그리고 수많은 별과 행성, 은하 등으로 연결된 우주에 대한 이해를 풀어내고 있어요.

먼저 공간을 이어 주는 교통 시스템을 체험해 볼까요? 이곳에서는 속도를 측정하는 과속 카메라의 원리를 직접 달려 보면서 스피드건으로 측정할 수 있어요. 교통카드 IC 칩에 담겨 있는 교통수단 사용 내역 등 내 생활 정보들을 볼 수도 있지요. 또 지하철과 비행기의 작동 원리인 전동기와 제트엔진을 작동시켜 보고, 버스, 도보, 지하철 등을 이용하여 최단 시간에 이동거리를 찾는 게임도 즐겨 보세요.

교통 시스템 반대쪽 벽에는 m, s, A, K 등 커다란 알파벳들이 붙어 있는 것이 보이네요. 이 알파벳들은 무엇을 의미할까요? 이것은 오늘날 국제적으로 사용하는 과학의 공통 언어인 기본 단위예요. 기본 단위는 어떻게 생겨났으며, 어떻게 세계 공통의 과학

Blue 연결 Network

cd mol K A kg s m

00:00

세상을 이해하는 기준, '단위'!

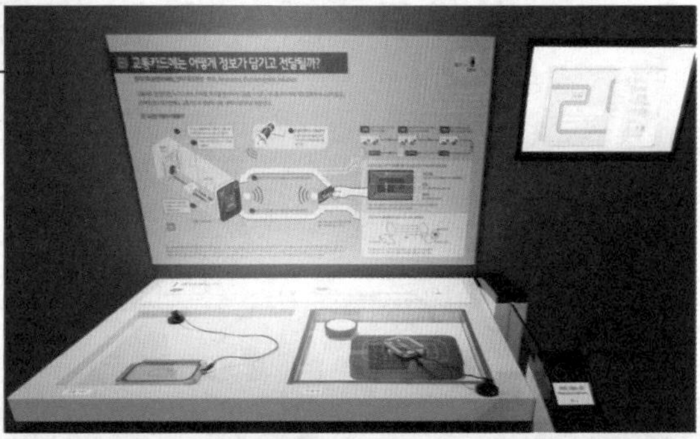

언어가 되었을까요?

수천 년 전부터 사람들은 생활을 위해 물물교환을 하였어요. 그런데 서로가 다른 기준을 사용하는 문제점이 있었어요. 어떤 사람은 그 가치를 높게 보고, 또 어떤 사람은 그 가치를 낮게 보았죠. 이처럼 서로 간에 오해와 불신이 커지면서 공통된 가치를 찾기 시작하였어요. 누구나 공통으로 합의한 기준, '단위'를 만든 것이에요. 1875년에 처음으로 국제적 합의를 통해 단위가 통일되었어요.

과학의 공통 기본 단위에는 질량을 나타내는 kg(킬로그램), 길이를 나타내는 m(미터), 시간을 나타내는 s(초), 전류를 나타내는 A(암페어), 원자, 분자 등 작은 입자의 물질량을 나타내는 mol(몰), 온도를 나타내는 K(캘빈), 마지막으로 빛의 밝은 정도를 나타내는 Cd(칸델라)가 있어요. 현재까지 과학자들이 알아낸 모든 과학적 사실들을 7개의 단위들을 조합해서 표현할 수 있어요. 그래서 단위는 '세상을 이해하는 기준'이라고 불릴 자격이 있는 것이에요.

이곳에서는 복잡한 신경계인 뇌를 이해하기 위해 침팬지와 단기 기억력 대결도 해 볼 수 있어요. 멀미가 나는 이유도 뇌와 관련이 있다고 하는데, 멀미방을 걸어 보면서 찾아볼까요? 또 순간착시를 이용한 조트로프의 황홀한 경험도 즐겨 보세요. 관천대에 누워 하늘을 바라보고, 3D 스페이스 안에서 우주로의 여행을 해 보는 것도 우주를 이해하는 좋은 경험이 될 거예요.

세상과 나와 우주와 그리고 그 연결 속에서 나라는 존재의 소중함을 다시 한번 깨닫는 하루를 보내 보세요.

이동하고 흘러가는 흐름, 에너지

열정적인 빨강이 대표색인 R 전시실은 열정, 에너지를 의미해요. 이곳에서는 자전거 페달을 굴리면서 발전기의 전기를 직접 생산하고, 마찰전기를 이용해 전기 에너지를 저장하는 원리를 느껴 볼 수 있어요. R 전시실에서 가장 인기 있는 전시물은 아마도 이 커다란 전시물일 거예요. 마찰이 없는 호버크래프트와 마찰이 있는 일반 원판을 동시에 출발시킨 후 원판의 운동을 촬영된 이미지로 확인해 보면서 에너지와 힘의 관계에 대해 생각해 볼 수 있어요.

이 밖에도 쓰레기 매립가스를 활용한 에너지 재생산에 대해서도 배울 수 있어요. 쓰레기 매립지에서 발생한 화학가스를 난방열로 이용하는 에너지 생산 과정 작동 모형을 따라가다 보면 지속가능한 에너지의 재생산 원리와 기술이 어떻게 쓰이는지 이해할 수 있어요.

주소 서울특별시 노원구 한글비석로 160

관람시간 09:30 ~ 17:30 (폐관 1시간 전까지 입장)

휴관일 월요일, 설날, 추석, 1월 1일

입장료 성인 2,000원, 청소년 1,000원, 미취학 무료

문의 02-970-4500

체험시간 홈페이지에서 체험 시간 개별 확인

☆ 홈페이지에서 전시해설 및 체험프로그램 시간을 확인하고 가면 알찬 체험이 가능해요.

☆ 3D 스페이스, Q 라이드, 뇌파체험 등은 1층 G 전시실에 있는 체험티켓 발권에서 시간 예약을 한 후 이용하면 편리해요.

☆ 실내 체험이기 때문에 우천시에도 관람이 가능해요.

☆ 과학교육프로그램은 사전예약제로 운영되고 있어요.

세상에 호기심을 품다

과학관 관람을 마치고 앞마당으로 나오면 두 대의 특이한 모양의 버스가 서 있어요. 한 대는 초록색 버스, 다른 한 대는 화려한 외관을 자랑하는 셔틀버스예요. 초록색 버스는 작은 힘으로도 무거운 물체를 들어올릴 수 있는 도르레의 원리가 적용되어 있어요. 고정 도르레와 움직이는 도르레가 연결되어 있어 우리 힘으로도 버스를 들어올리는 색다른 경험을 할 수 있어요.

또 다른 버스는 인근 지하철역에서 과학관을 오가는 셔틀버스로, 100퍼센트 전기로 움직인다고 해요. 1시간 간격으로 운행하는데, 친환경 전기버스를 타 보고 휘발유나 경유 차에 비해 느낌이 어떻게 다른지 비교해 보세요.

서울시립과학관에서 세상을 이해하는 전시물을 더 체험해 보고, 관찰을 통한 호기심을 조각해 보세요. 여러분들의 마음속에 품었던 세상에 대한 궁금증들이 과학의 원리와 함께 하나씩 해결될 거예요.

도르레의 원리를 이용하면
버스를 들어올릴 수 있어요!

서울시립과학관에는 특별한 체험전시물과 체험교실이 있어요. 입장 후 G 전시실 안의 티켓 발권기에서 당일 선착순으로 예약한 경우에만 체험할 수 있으니 입장과 동시에 예약하는 것을 추천해요.

3D 스페이스 입체 영상 속으로 떠나는 신비로운 여행

국내 최초로 설치된 L자형 브라운관인 3D 스페이스에서 3차원 입체 영상으로 신비로운 공간을 체험할 수 있어요.

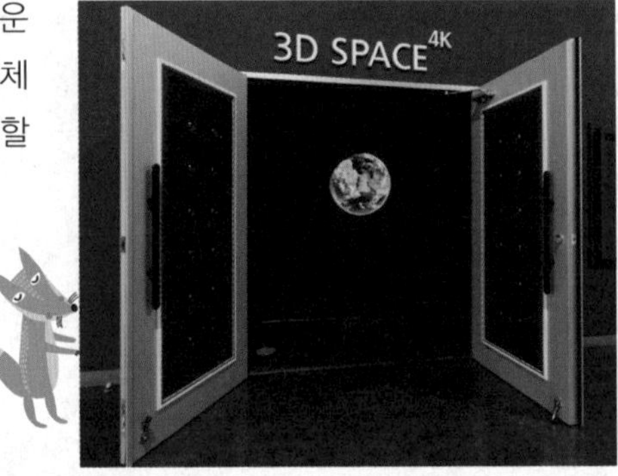

뇌파 체험 나의 집중력은?

집중력 체험을 통해 체험자의 집중 정도나 행동에 따라 뇌파의 형태가 달라지는 것을 확인할 수 있어요.

Q 라이드 영상관 지진을 체험하다!

지진 강도에 따라 어느 정도 피해가 발생하는지 4D로 체험해 보고 지진이 발생하였을 때 대처방법을 알아볼 수 있어요.

오늘의 이벤트

전시물에 숨은 의미를 찾아 전시물에 대한 이해를 돕는 과학 체험 활동이에요. 3~4개월 주기로 새로운 체험 활동으로 바뀌니 홈페이지를 통해 확인하세요.

다음은 세계 여러 나라 친구들이 '마시는 물'을 달라고 외치고 있는 모습이에요. 과학에서 물은 H_2O예요. 과학 언어 외에 세계 공통으로 적용되는 언어에는 어떤 것이 있을까요?

● 세계 공통 언어는?

01

지구의 역사를 찾아서 떠나요!

우리가 살고 있는 푸른 행성 지구는 약 46억 년 전, 태양계 주위를 떠돌던 작은 먼지들이 뭉쳐져 탄생했다고 해요. 그리고 태양계에서 생명체를 품은 유일한 행성이기도 하죠. 오랜 세월 동안 다양한 변화를 거치며 생명체의 탄생과 멸종 등을 겪어온 지구의 발자취를 찾아 떠나 볼까요?

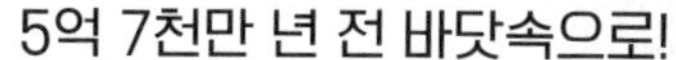

5억 7천만 년 전 바닷속으로!

- 태백고생대자연사박물관

태고의 신비, 공룡을 만나다

- 고성공룡박물관

부글부글 용암이 만들어 낸 암석

- 한탄강지질공원센터

5억 7천만 년 전 바닷속으로!

태백산은 높이가 1,566미터이며, 우리나라에서 가장 긴 산맥인 태백산맥의 가장 높은 봉우리예요. 그럼 태백산맥은 지금부터 5억 년 전에도 길고 높은 산맥을 자랑하고 있었을까요?

태백 일대는 과거 적도 부근에 위치했고, 따뜻하고 얕은 바다였다고 해요. 이렇게 높은 산이 과거에 바다였다는 것이 믿어지지 않죠? 5억 년 전 이곳에는 바다 생물들이 많이 살았어요. 그리고 오늘날 화석으로 남아 당시의 상황을 증명해 준답니다.

암석 속에 보존된 생물의 화석을 찾아 한반도 고생대의 퍼즐을 맞추어 볼까요?

박물관 속으로!

생명의 역사를 보여 주는 화석!

화석은 지질 시대에 살았던 생물의 유해나 흔적들이 땅속에 보존되어 있는 것을 말해요. 남겨진 화석은 생명의 역사와 지구 환경에 대한 정보를 제공해 주지요.

강원도 태백에 있는 태백고생대자연사박물관에서는 지질 시대, 특히 고생대에 남겨진 생물 화석들을 만나볼 수 있어요.

안녕? 나는 지구의 최초의 광합성 생물인 남세균이야!
내가 산소를 만들면서 주변의 유기물들과 함께 퇴적되어
스트로마톨라이트가 되었지!

우와! 전시실 입구가 지구 모양이네요. 이곳을 지나면 지구가 만들어지고 생물이 나타나게 된 당시의 환경을 볼 수 있어요. 생물이 살기 위해서는 산소가 있어야 하는데, 초기 지구의 대기는 이산화탄소와 질소가 대부분이었어요. 이후 바다에서 남세균이 광합성을 하면서 산소를 내보내기 시작하였고, 지구에 산소가 풍부해져 생물들도 다양해졌어요. 이곳에서는 남세균이 유기물과 함께 퇴적된 스트로마톨라이트도 볼 수 있어요.

지구에 생물이 나타나기까지

1층 전시실에서는 바닷속 생물들의 이야기가 펼쳐져요. 먼저 단단한 골격이나 껍데기가 없어 온몸이 말랑말랑한 젤리를 닮은 에디아카라 동물군부터 만날 수 있어요. 단단한 골격만 화석으로 남을 것 같지만 젤리같이 말랑말랑한 생물도 흔적으로 화석을 남길 수 있답니다.

고생대에는 또 어떤 생물들이 살았을까요? 온난하고 산소가 많이 녹아 있던 바다는 다양한 해양 생물들이 폭발적으로 번성하기 좋은 환경이었어요. 코끼리 코를 닮은 재미있게 생긴 오파비니아가 있었고, 뾰족한 고깔모자를 쓴 모습의 노틸로이드, 조개를 닮았지만 좌우대칭인 모습을 한 완족류, 식물과 비슷하게 생긴 바다의 백합인 해백합, 머리에 딱딱한 갑옷을 입은 갑주어 등 다양한 생물들의 화석과 모형을 볼 수 있어요.

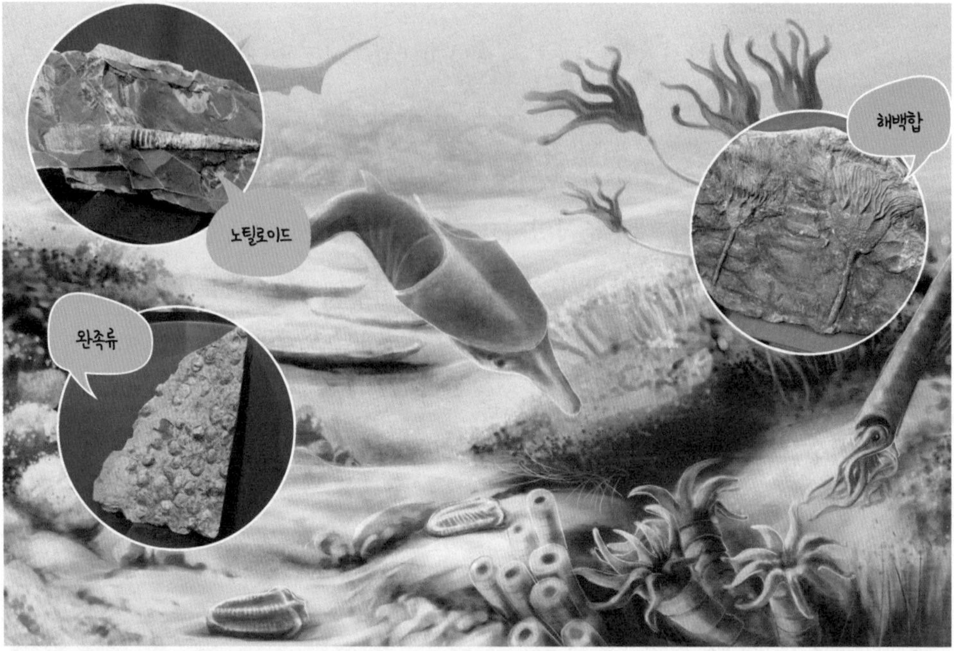

노틸로이드

해백합

완족류

난 삼엽충이야!

5억 년 전 곤충의 조상

이 화석은 어떤 생물의 화석일까요? 바로 고생대에 가장 번성한 생물인 삼엽충이에요. 삼엽충은 등이 딱딱한 껍질로 되어 있고, 여러 번 껍질을 벗고 새로 껍질을 만들며 성장하는 것이 특징이에요. 지금의 곤충류나 갑각류와 닮았죠?

삼엽충은 주로 얕은 바다에서 마디로 된 다리로 바다의 바닥을 기어 다니며 지냈다고 해요. 삼엽충 화석은 영월과 태백 지역에서 많이 발견되고 있어요. 이것으로 약 5억 년 전에는 이곳이 따뜻하고 얕은 바다였다는 것을 알 수 있지요.

그런데 신기하게도 영월과 태백 지역에서 발견되는 삼엽충의 종과 생김새, 크기 등이 달라요. 지질학자들은 삼엽충 화석을 연구하여 영월이 태백보다 좀 더 깊은 바다였을 것이라고 추정하고 있어요.

고생대에는 대기의 이산화 탄소 농도가 지금보다 10배나 높았어요. 이 까닭에 온실 효과로 기온이 높아져 대기 중의 이산화 탄소가 바닷속으로 녹아들어갔어요. 바닷속에 풍부한 이산화 탄소가 해양 생물들에게 탄산칼슘을 제공하여 삼엽충이나 완족류의 등처럼 단단한 골격을 갖는 생물들이 번창한 것이에요.

'해양의 시대' 코너에서는 태백과 영월에서 발견되는 삼엽충 화석들을 자세히 관찰할 수 있어요.

두 눈이 아름다운 삼엽충

생명의 대폭발 시기에 바닷속은 그 어느 곳보다 생물의 생존을 위한 치열한 경쟁이 있었던 곳이에요. 삼엽충은 이 경쟁에서 승리하기 위해 탄산칼슘으로 딱딱한 갑옷 몸을 만들고, 특별한 눈을 발달시켰어요. 당시의 바닷속 다양한 해양생물들은 눈이 없거나 눈이 있더라도 밝고 어두운 것을 느끼는 수준이었어요. 삼엽충의 두 눈은 방해석으로 이루어졌고, 지금의 곤충 눈의 구조인 겹눈 구조였어요. 이 시기에 겹눈은 빛을 느끼는 것뿐만 아니라 자신을 공격할 수 있는 포식자와 먹이를 구분할 수 있는 특별한 능력이 있었다고 해요. 이것이 바로 삼엽충이 경쟁에서 승리하여 번성할 수 있었던 요인이에요. 실제로 겹눈 구조로 보면 세상은 어떻게 보일까요?

1층 포켓 전시실에서는 삼엽충의 눈으로 세상을 볼 수 있는 체험을 할 수 있어요.

고생대 식물이 만든 에너지

지구 대기 중에 산소의 양이 늘어나면서 육지에도 다양한 식물들이 살았어요. 습하고 무더운 날씨에 적합한 양치식물들이 잘 자라 우거진 정글을 이루었지요. 양치식물의 특징은 홀로 번식이 가능한 홀씨식물이라는 것이에요. 우리가 흔히 먹는 고사리가 양치식물 중 하나랍니다.

INFO

주소 강원도 태백시 태백로 2249

관람시간 09:00~18:00(관람 1시간 전까지 매표 가능)

휴관일 연중무휴

관람료 성인 2,000원, 청소년·군인 1,500원, 어린이 1,000원

문의 033-581-3003

☆ 단체예약은 20명 이상인 경우에만 신청이 가능해요.

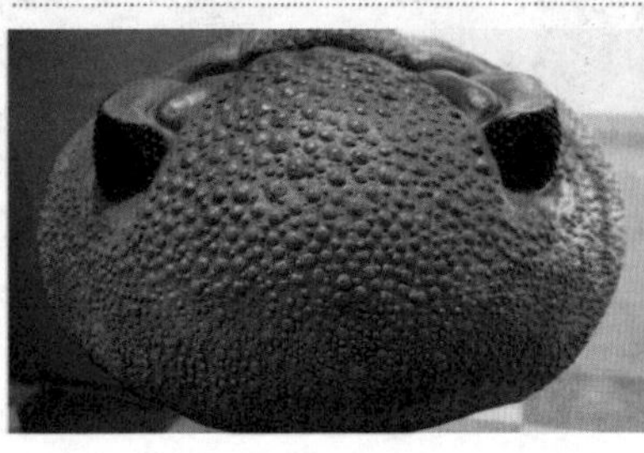

이곳 박물관에서는 실제 고생대에 온 듯한 느낌을 주는 무성한 숲 속에 우리 키만큼 큰 지네와 양팔을 벌렸을 때보다 더 큰 초기 잠자리 모형을 볼 수 있어요. 그 후 최초의 육상 척추동물인 양서류의 조상이 등장하였어요. 양서류는 개구리나 두꺼비 등의 동물을 말해요.

강원도 태백, 정선에서 발견되는 식물 화석에는 어떤 것이 있을까요? 이곳에서 발견되는 대부분의 식물 화석은 검정색 셰일로 만날 수 있어요. 그 당시 육지에 무슨 일이 있었던 걸까요? 육지에 무성했던 식물들이 한꺼번에 땅속으로 매몰되면서 땅속 깊은 곳으로 사라졌어요. 그리고 땅속에 오랜 시간 묻혀 있던 식물들이 석탄으로 변한 것이에요. 태백 일대에 석탄 광산이 많은 것도 이때 매몰되었던 식물들이 많았기 때문이에요. 그때 만들어진 석탄은 우리나라의 에너지 자원으로 국가 경제 발전에도 크게 기여하였어요.

천연기념물 제417호, 야외 자연학습장 구문소

구문소는 지금부터 약 4억 7천만 년 전에서 4억 5천 만 년 사이, 즉 2천 년의 시간 동안 바다에서 쌓인 퇴적층이 만들어 낸 곳이에요.

이곳에서 화석을 발견했다면 박물관에 먼저 알려야 해요. 이곳은 매장문화재보호법에 따라 땅에 매장되어 있는 모든 것을 보존하도록 되어 있어요. 특히 이곳에서 발견되는 화석은 우리의 자랑스러운 보물로, 과학적 보물을 잘 지키고 보존하는 것이 우리의 일이에요.

잘 다녀왔어요

지구의 46억 년의 역사가 땅속에 차곡차곡 기록된다는 것을 알고 있나요? 땅에 기록된 시간들을 우리는 지질 시대라고 불러요. 지질 시대에 걸쳐 지구 환경과 지구에 사는 생물들은 어떻게 달라졌는지 살펴보아요.

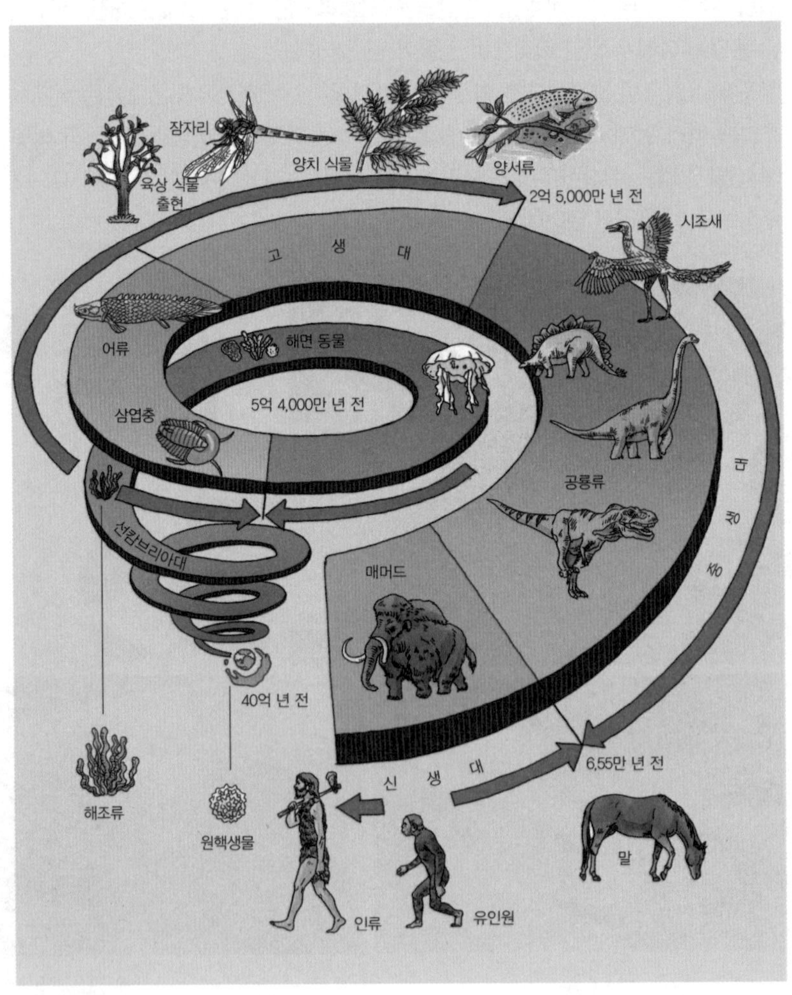

지질 시대마다 번성한 생물이 다른 까닭은 무엇일까요? 또 생물이 멸종한 까닭은 무엇일까요?

고성공룡박물관
태고의
신비,
공룡을 만나다

“중생대 백악기, 경상남도 고성의 거대한 호수 주변에서 먼 거리를 이동하느라 지친 공룡들이 쉬고 있네요. 그 옆에는 귀여운 아기 공룡 친구들이 서로 장난을 치고 있어요. 그런데 “쿵! 쿵! 쿵!” 앗! 멀리 어마어마한 육식 공룡이 이쪽으로 오고 있네요. 어미 공룡! 아기 공룡! 위험해요. 빨리 도망가야 해요.”

박물관 속으로

공룡의 흔적을 찾아서

아주 오래전, 약 2억 3천만 년 전에 공룡이 지구상에 처음 모습을 드러냈어요. 공룡은 1억 6천만 년 동안 지구의 지배자로 군림하다가 중생대 말기에 해당하는 백악기에 모두 사라졌어요. 그런데 우리는 과거에 공룡이 살았다는 것을 어떻게 알 수 있을까요? 또 우리나라에도 공룡들이 살았을까요?

경상남도 고성군은 우리나라 최초로 공룡 발자국이 발견된 곳이에요. 중생대 백악기에 경상남도 고성은 거대한 호수였어요. 그리고 이곳에 거대한 파충류인 공룡들이 살았다고 해요. 고성군은 전역에 걸쳐 약 5,000여 점의 공룡 발자국 화석이 발견되어 세계 3대 공룡 발자국 화석산지로 알려져 있어요. 지금은 지구 어느 곳에서도 공룡

을 볼 수 없지만, 공룡은 화석이 되어 우리 앞에 모습을 드러내고 있어요.

고성군은 국내 최초의 공룡전문박물관을 시작으로 하여 다양한 공룡발자국을 볼 수 있는 상족암군립공원, 2006년부터 정기적으로 개최하는 경남고성공룡세계엑스포에는 공룡과 관련된 체험과 즐길 것들이 풍부해서 많은 사람들이 찾고 있어요. 탐방로, 공룡탑, 공룡놀이터, 작은 동물원, 푸른 편백나무 숲길, 꽃동산까지 공룡 마을로 같이 떠나 볼까요?

우리의 친구 거대한 공룡의 세계

경남고성공룡세계엑스포에 들어서면 실물 크기의 목이 긴 거대한 초식 공룡 골격 화석을 만날 수 있어요. 그리고 부분 골격 화석과 공룡의 계통도를 보며 공룡에 대해 알 수 있게 꾸며져 있어요.

또 공룡 발자국의 종류와 형태, 크기 등을 통해 당시 공룡이 어떻게 생겼고 어떻게 생활했는지 알 수 있어요. 신기하죠?

이곳에서는 보고 듣고 만지는 체험 활동도 할 수 있는데, 공룡과의 속도를 견주어 보거나 거대한 용각류 공룡의 다리 골격과 키를 맞추어 보면서 공룡을 더 가까이 느낄 수 있어요.

이제 야외로 나가 볼까요?

와! 우리 친구들의 탄성이 들리는 듯하네요. 이곳은 공룡의 왕국이에요. 기가노토사우루스, 스피노사우루스, 트리케라톱스, 람베오사우루스 등 많은 공룡 친구들이 실제 살았을 때의 모습으로 공원에 전시되어 있어요. 거대한 공룡 친구들 옆에 있으니 새삼 공룡의 거대한 크기에 놀라게 되네요.

공룡의 초기 시대부터 백악기에 멸종할 때까지의 여러 공룡 친구들을 만나며 추억을 만들어 보세요.

INFO

주소 경상남도 고성군 하이면 자란만로 618

관람시간 하절기 (3~10월) 09:00 ~ 18:00, 동절기 (11~2월) 09:00 ~ 17:00

휴관일 월요일, 1월 1일, 설날, 추석 (단, 월요일이 공휴일인 경우 화요일 휴관)

관람료 성인 3,000원, 청소년 2,000원, 어린이 1,500원

주차료 승용차 2,000원, 승합차 · 화물차 2,000~3,000원

문의 055-670-4451

☆ 전시해설은 미리 예약해야 해요.

☆ 해안로를 따라 공룡 발자국을 관람할 수 있어요.

☆ 편한 옷차림에 운동화를 신는 것이 좋아요.

공룡 발자국을 만나다

공룡 발자국은 얼마나 클까요? 고성군 하이면 덕명리 해안가 주변으로 6킬로미터에 걸쳐 7천만 년 전 중생대 백악기에 살았던 공룡들의 발자국과 새 발자국이 뚜렷이 남아 있어요. 이 발자국은 1982년 1월 31일에 경북대학교 양승영 교수팀이 처음 발견했어요. 이후 보존적 가치가 있다고 판단되어 1983년에 고성군 상족암군립공원으로 만들어 보존하고 있어요.

공룡 발자국은 어떻게 화석으로 남을 수 있었을까요?

갯벌이나 진흙 위를 걸어본 적이 있나요? 한참 걷다 뒤를 돌아보면 진흙 위로 발자국이 찍혀 있는 것을 볼 수 있어요. 오래전 지구에 살았던 동물들도 호수나 강가에 물을 마시러 다녀가면서 발자국을 남겼어요. 발자국이 찍힌 땅이 건조한 공기를 만나면 바짝 말라요. 그 위로 퇴적물이 쌓여 오래도록 땅속에서 보존되다가 침식 작용을

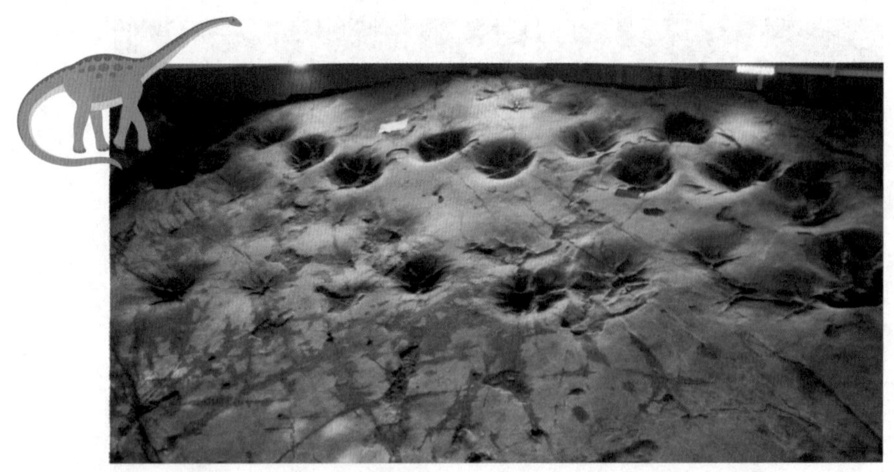

받으면 그 모습이 드러나게 되는 것이에요.

이곳 공룡 발자국 화석도 아주 오래전 공룡이 지나간 호숫가 늪지대에 만들어진 것이에요. 수천 년 동안 물에 떠내려 온 퇴적물이 1,000~2,000미터 쌓여 발자국이 찍힌 지층이 암석으로 굳어지고 또 다시 지표면으로 밀려 올라오면서 침식 받아 드러나게 된 것이지요.

발자국으로 어떤 공룡인지 알 수 있다고?

상족암 암벽은 시루떡처럼 겹겹이 층을 이루는 모습이 밥상다리처럼 생겼다고 하여 상족(床足)이라고 불러요. 해안가에서 산을 바라보면 퇴적암층이 그대로 드러나고 공룡 발자국이 해식동굴로 향해 있어서 마치 공룡이 동굴로 들어가 쉬고 있는 모습을 상상하게 돼요.

수각류, 조각류, 용각류를 알고 있나요? 이것은 공룡의 종류를 말해요. 수각류는 육식 공룡으로, 두 발로 걸었어요. 발자국이 삼지창 모양이며, 날카로운 발톱 자국이 발가락 자국 앞에 예리하게 나타나 있는 것이 특징이에요. 또한 발가락 사이의 각이 좁아요. 발자국 크기는 20~35센티미터로 작아요. 조각류는 초식 공룡이며, 두 발 또는 네 발로 걸었어요. 삼지창 모양의 뭉툭한 발가락 자국이 특징으로, 발가락 사이의 각이 수각류에 비해 크며 뒷부분이 하트 모양으로 넓은 편이에요. 조각류의 발자국 크기는 9~70센티미터의 것까지 매우 다양하며, 30~35센티미터의 크기가 가장 많아요.

용각류는 목이 길고 몸집이 큰 초식 공룡으로, 네 발로 걸었어요. 대게 뭉툭한 발가락 자국이 매우 짧거나 보이지 않아, 전체적인 윤

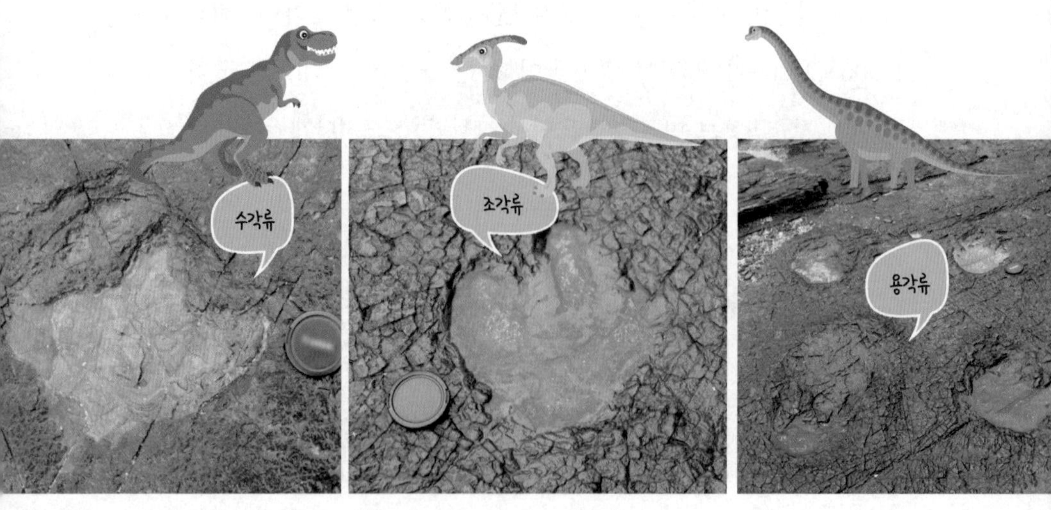

곽이 타원형이나 둥근 모양을 보여요. 발견된 발자국 중 가장 작은 발자국은 초식 공룡 용각류 발자국으로 8센티미터이고, 가장 큰 발자국도 초식공룡 용각류 발자국으로 115센티미터짜리예요. 발자국만 보고도 공룡의 종류를 알 수 있다니 놀라워요.

세계인의 축제, 경남고성공룡세계엑스포

상족암군립공원으로 알려진 하이면 덕명리 해안가에 공룡 발자국이 발견된 것을 시작으로 하여 여러 번 조사를 하는 과정에서 공룡 알 화석까지 발견되었어요. 또한 대전통영고속도로 공사 중에 마암면 고성 IC 부근에서 공룡 발자국 화석이 발견되었고, 당항포 국민관광지 해안가에서는 용각류 발자국이 발견되었어요.

고성은 미국 콜로라도, 아르헨티나 서쪽 해안과 더불어 공룡 화석이 많이 발견되어 세계 3대 공룡 발자국 화석 산지로 꼽혀요. 세계적으로도 공룡 발자국으로 인정을 받은 곳이에요.

고성에서는 2006년부터 정기적으로 '경남고성공룡세계엑스포'가 열리고 있어요. 경치도 아름답고 학술적 가치도 뛰어나 세계 여러 나라의 고생물학자들이 이곳을 많이 찾고 있어요.

우리 친구들도 공룡세계엑스포가 열리는 당항포 일대와 공룡 발자국이 처음으로 발견된 상족암 일대를 중심으로 여행을 하면 공룡의 매력에 푹 빠질 거예요.

고성공룡박물관에서는 공룡과 관련하여 재미있고 다양한 체험 학습을 진행하고 있어요. 미리 전시 설명을 신청하면 체험뿐만 아니라 백악기 테마파크도 즐길 수 있어요.

관람 순서

전시해설 → 체험장 방문 → 다양한 체험(공룡 피자 만들기, 공룡 석고 방향제 만들기, 공룡 비누 만들기, 공룡 파우치 만들기 등) → 백악기 테마파크(공룡 조형물 전시, 미로공원 등) → 편백나무 숲길 → 작은 동물원 → 상족암군립공원

주말가족체험프로그램

박물관 전시해설 → 공룡 및 공룡 발자국 화석 강의 → 공룡 발자국 화석산지 탐방(여름방학, 초등학생 이상 가족)

체험 소요 시간 약 2시간

공룡 피자 & 쿠키 만들기

공룡 석고 방향제 만들기

공룡 비누 만들기

공룡의 이름은 어떻게 지을까요? 또 우리나라에서 이름 지어진 공룡을 찾아 그 이름을 써 보세요.

우리 가족 발자국 화석을 만들어 볼까요?

준비물 김장용 비닐, 찰흙 10개, 석고가루, 물, 나무젓가락, 종이컵

발자국 화석 만들기 방법

1. 김장용 비닐 위에 찰흙을 고루 펼친다.
2. 가족과 함께 그 위를 걸어 발자국을 남긴다.
3. 종이컵에 석고가루와 물을 1:1로 섞어 나무젓가락으로 젓는다.
4. 섞은 석고가루를 발자국 위에 붓고 20분 이상 기다린다.

주소 경기도 포천시 영북면 비둘기낭길 55, 영북면 대회산리 298번지 일원

관람시간 평일, 주말, 공휴일 09:00~18:00(입장마감:17:30)

휴관일 매주 화요일, 1월 1일 (단, 화요일이 공휴일인 경우 다음날 휴관)

관람료 성인 2,000원, 청소년 1,500원, 7세 미만·65세 이상 무료

문의 031-538-3030

앗! 뜨거워! 산에 어마어마하게 큰 불기둥이 솟아오르고 있어요. 이것은 화산이 폭발하는 장면이에요 화산이 폭발하면 뜨거운 용암이 흘러내리면서 주변의 모든 것을 태워요. 그리고 이 용암이 식으면서 점점 단단한 돌로 변한다고 해요. 제주도에서 흔히 볼 수 있는 구멍이 숭숭 뚫린 돌들도 용암이 식어 만들어진 것이에요.

아주 오래전 우리나라에서도 여러 곳에서 화산이 폭발하였어요. 한라산과 백두산이 대표적이며, 한탄강 일대도 화산 폭발로 만들어진 거대한 용암 지형으로 유명해요. 오늘은 용암이 만들어 낸 멋진 협곡과 주상절리, 폭포 등 다양하고 아름다운 지형을 보러 한탄강으로 출발해 볼까요?

한탄강지질공원센터

부글부글 용암이 만들어 낸 암석

지질공원 속으로

땅이 기억하는 역사를 찾아

한탄강지질공원센터는 우리나라 유일의 지질공원 테마전시체험 박물관으로 2019년 4월에 개관하였어요. 켜켜이 쌓인 땅이 기억하고 말하는 한탄강의 지질과 역사를 살펴보는 지질관, 그 속에서 피어난 삶과 문화, 그리고 자연에 대한 이야기를 바탕으로 꾸며져 있는 지질 문화관, 자연과 인간이 공존하는 지질공원의 명소를 소개하는 지질 공원관으로 이루어져 있어요. 이제 신생대 말에 분출한 용암지대를 탐험하러 가 볼까요?

용암이 만들어 낸 암석

어! 저기 부글부글 용암이 분출되고 있는 화산 모형이 보이네요! 이곳에서 용암이 분출되어 암석이 만들어지는 것을 살펴볼 수 있어요. 시작 버튼을 누른 후 열과 압력 버튼을 반복하여 눌러 보세요. 땅속에 열과 압력이 점차 높아지면서 용암이 분출해요. 이렇게 지각을 뚫고 올라와 분출된 용암이 화산암이에요. 우리가 흔히 알고 있는 현무암이 바로 화산암이지요. 땅속에서 열과 압력이 더 이상 높아지지 않아 마그마가 땅속에서 굳어 암석이 되기도 해요. 우리가 흔히 알고 있는 화강암이 바로 이러한 심성암이에요.

그 옆으로는 암석 들기 체험을 할 수 있는 곳이 있어요. 어른용과 어린이용이 구분되어 있어 함께 체험할 수 있어요. 구멍이 뻥뻥 뚫린

현무암과 철이 많이 들어 있어 자석이 철썩 붙는 자철석이 보이네요. 먼저 현무암의 손잡이를 잡고 들어 올려볼까요? 어른들이라면 한 손으로도 쉽게 들어 올릴 수 있어요. 자철석은? 하나! 둘! 셋! 쉽게 들리지 않네요. 현무암은 구멍이 많이 뚫려 있는데다 강도가 크지 않아 무겁지 않은 것이에요.

저기! 사각형 모양의 길쭉한 돌, 오각형의 길쭉한 돌, 육각형의 길쭉한 돌들이 놓여 있네요. 이것도 용암이 만든 것이에요. 뜨거운 화산암이 급격히 식으면서 만들어지는 구조로, 주상절리라고 불러요. 주로 4~7각형의 기둥 모양으로 나타나며, 육각형 모양이 가장 많아요. 한탄강 일대의 협곡에서 거대한 주상절리를 볼 수 있어요.

한탕강지질공원센터를 포함한 한탄강 일대는 화산의 용암이 대량으로 유출되어 형성되었어요. 그래서 강원도 철원의 드넓은 용암대지를 시작으로 한탄강을 따라 포천과 연천까지 이어지는 곳곳에서 용암이 만들어 준 다양한 지형을 볼 수 있어요.

이곳을 이루는 암석 대부분은 현무암이에요. 현무암은 화산에서 분출되는 용암이 오랫동안 식으면서 만들어졌어요.

이곳은 언제 화산 폭발이 있었을까요? 신생대 말기인 약 50만 년에서 13만 년 전에 오늘날 북한의 오리산에서 여러 차례 화산이 폭발하면서 용암이 약 110킬로미터를 흘러 한탄강 일대를 덮었다고 해요. 그리고 오랜 세월 침식과 풍화를 거쳐 현재 한탄강 일대의 모습을 이룬 것이에요.

오늘은 나도 과학 선생님!

구멍이 없어도 현무암?

구멍이 거의 없는 현무암도 있어요. 용암 안쪽에서 만들어진 현무암에서는 구멍이 거의 발견되지 않아요. 이것은 용암 표면에 비해 천천히 식어서 가스들이 빠져나가 생긴 구멍이 메워졌기 때문이에요.

현무암 협곡 주변으로 피어난 인류의 문화

주상절리를 지나면 또 다른 모양의 현무암을 만나볼 수 있어요. 바로 동글동글한 베개용암이에요. 베개용암은 현무암의 모양이 마치 둥근 베개 같다고 하여 붙여진 이름이에요. 현무암 용암이 분출하여 낮은 지대를 향해 흐르다가 차가운 강물(영평천)을 만나 급속하게 식으면서 물속에서 만들어진 것이에요.

베개용암이 강물에 의해 형성된 경우는 매우 드물어요. 2013년에 지질학적 가치가 인정되어 천연기념물 제542호로 지정되었어요. 오늘날에도 바닷속에서 베개용암이 만들어지고 있다고 해요. QR 코드를 통해 베개용암이 분출되는 영상을 살펴보세요.

2층으로 올라가면 넓은 용암 대지와 한탄강 협곡 주변으로 인류의 문화가 어떻게 피어났는지 살펴볼 수 있어요. 한손에 쥐기 쉬운 모양의 석기들이 전시되어 있고, 한탄강, 영평천, 포천천을 따라 발견된 구석기 시대의 석기들도 볼 수 있어요.

어? 사람보다 큰 돌이 있는데 이것은 무엇을 하는 데 썼을까요? 바로 무덤이에요. 청동기 시대의 유적으로 매장 문화가 발달하면서 만들어진 것이에요. 고인돌은 양쪽의 받침돌이 크고 탁자처럼 생긴 북방식 고인돌과 받침돌이 작고 바둑판처럼 생긴 남방식 고인돌이 있어요. 무거운 돌을 세우고, 그 위에 돌을 어떻게 올렸는지 궁금하죠? 고인돌 뒤로 돌아가면 제작 과정을 알 수 있어요.

베개용암 보러가기

여기가 바로
베개용암이 있는 곳이구나.
돌의 모양이 동글동글해서
베개 같아!
고인돌은
어떻게 만들어질까?
고인돌
1
2
3
4
구덩이를 파고 받침
돌을 세운다.
받침돌을 세운 후
흙으로 채운다.
덮개돌을
올린다.
고인돌을 완성하고
제사를 지낸다.

비둘기낭 폭포와 하늘다리

한탄강지질공원센터 주차장을 지나 한탄강야생화생태단지를 둘러보다 보면 폭포수 소리가 들려와요. 폭포로 이동하는 길에 돌담도 볼 수 있어요. 이곳 돌담은 주변에 있던 현무암으로 쌓은 것이에요.

비둘기 모형을 지나 계단을 따라 내려가다 보면 폭포 소리가 더 크게 들려요. 드디어 비둘기 둥지를 닮은 폭포가 보이네요. 웅장한 협곡을 지나 에메랄드빛의 맑은 물이 신비롭게 느껴지기까지 하는 곳이에요. 이곳에서는 동굴과 협곡, 폭포 등 하천에 의한 침식지형과 전시실에서 보았던 길쭉길쭉한 주상절리를 관찰할 수 있어요.

이곳은 2012년 천연기념물 제537호로 지정되어 보호받고 있으며,

수많은 드라마와 영화의 촬영장소로 활용되어 많은 관광객들에게 아름다움을 전하고 있어요.

무려 50미터 높이에 있으며 한탄강을 가로질러 지질공원인 벼룻길과 멍우리길을 이어주는 한탄강 하늘다리는 인기가 많아요. 다리 중간에는 강화유리로 된 부분이 있어 아래를 내려다볼 수 있는데, 한번 도전해 보는 것도 재미있을 거예요.

멍우리협곡은 '한국의 그랜드캐니언'이라고 할 정도로 현무암 협곡이 장관을 이루는 곳이에요. 예로부터 '술을 먹고 가지마라. 넘어지면 멍이진다'고 하여 멍우리라고 불렸다고 해요. 멍우리 협곡은 한탄강에 흐른 용암의 형성 과정을 가장 잘 보여 주는 곳이에요.

과학관이나 박물관이 아닌 자연 곳곳에도 과학이 살아 있어요. 자연에서 과학의 역사를 경험한 느낌이 어떤가요? 이렇게 과학은 우리 곁에 아주 가까이 있어요.

지질공원 100배 즐기기

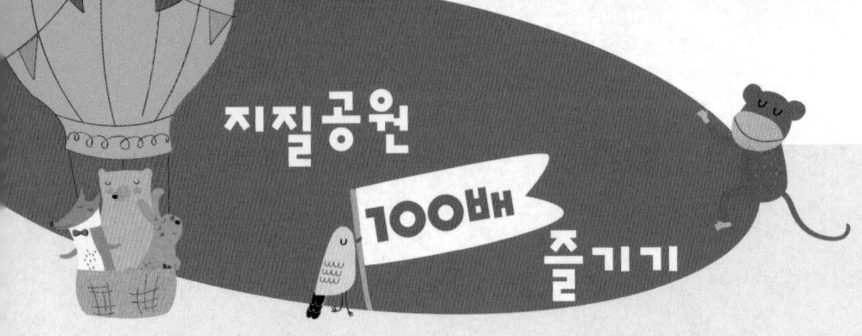

한탄강지질공원은 연천 지질 명소와 포천 지질 명소 코스가 있어요. 특히 한탄강지질공원 해설사와 함께하는 지오파크 여행에 참여하면 낯설게 느껴졌던 전문 용어들도 쉽게 이해할 수 있을 거예요.

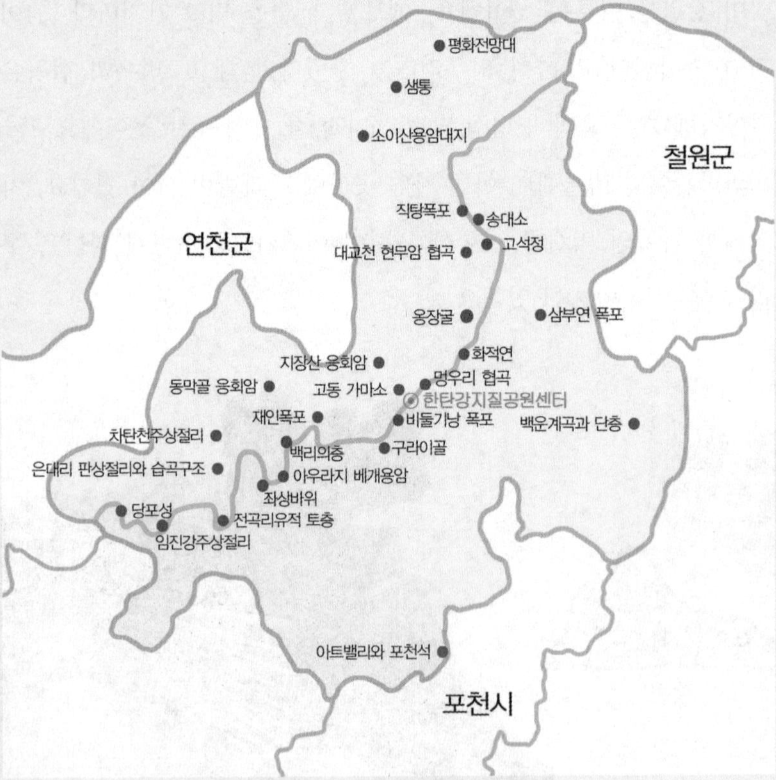

평화전망대
샘통
소이산용암대지
철원군
연천군
직탕폭포
송대소
대교천 현무암 협곡
고석정
옹장굴
삼부연 폭포
화적연
지장산 응회암
동막골 응회암
고동 가마소
멍우리 협곡
한탄강지질공원센터
재인폭포
비둘기낭 폭포
백운계곡과 단층
차탄천주상절리
백리의층
구라이골
은대리 판상절리와 습곡구조
아우라지 베개용암
좌상바위
당포성
전곡리유적 토층
임진강주상절리
아트밸리와 포천석
포천시

철원지질공원 지질교실

- **참여대상** 누구나
- **참가일정** 연중(매주 화요일 휴무)
- **지원사항** 지질공원해설사, 기념품
- **해설 예약 문의** 철원군청 관광과 033-450-5534, 4802
- 프로그램은 사정에 따라 변경될 수 있으며, 변경시 홈페이지에 공지

포천아트밸리 "폐채석장과 예술이 만나다"

- **주소** 경기도 포천시 신북면 아트밸리로 234
- **관람시간** 매일 09:00~22:00 (입장마감 20:00),
  월요일 09:00~19:00 (입장마감 18:00)
- **관람료** 성인 5,000원, 청소년 3,000원, 어린이 1,500원
- **문의** 포천아트밸리 031-538-3483
- 이용은 사정에 따라 변경될 수 있으며, 홈페이지를 참조해 주세요.

잘 다녀왔어요

제주도 해안에 걸쳐 높은 절벽을 따라 펼쳐져 있는 주상절리를 본 적이 있나요? 주상절리는 용암이 오랫동안 식으면서 만들어진 것으로 현무암으로 이루어졌어요. 돌하루방도, 돌담을 이루는 돌도 현무암이에요.

아래 사진은 우리 주변에서 흔히 볼 수 있는 현무암과 화강암 사진이에요. 현무암과 화강암을 우리 주변에서 어떻게 쓰이고 있는지 적어 보세요.

● 현무암

● 화강암

나는 현무암!

나는 화강암!

● 생활에서 현무암과 화강암이 어떻게 쓰이나요?

02

생명의 신비함과 소중함을 느껴요!

지구에는 다양한 생명들이 어우러져 조화를 이루며 살고 있어요. 인간은 그중 극히 일부일 뿐이죠. 환경과 생명을 돌보고 보호하며 아름다운 자연을 지키는 것이 우리의 역할이에요. 지구상의 다양한 생명들에 대해 알아보고, 소중함과 신비함을 느껴 보아요.

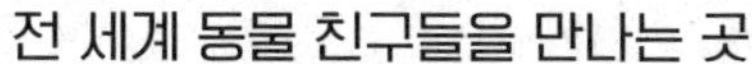

전 세계 동물 친구들을 만나는 곳

- 국립생태원

생물자원! 인류의 소중한 자산

- 국립낙동강생물자원관

상상 가득한 바다생물의 세계

- 국립해양생물자원관

새와 함께 산다는 것

- 천수만, 서산버드랜드

캐나다 누나부트는 여름에도 얼음이 녹지 않는다고 해요. 일 년의 10개월 이상은 눈과 빙하로 덮여 있는 이곳에 북극곰이 살고 있어요. 영하 40도가 넘는 추위에 강풍까지 부는 이곳에서 북극곰은 어떻게 살 수 있을까요?

북극곰은 지방층이 10센티미터나 되고 몸을 덮고 있는 털이 두꺼운 외투 역할을 하여 추운 환경에서도 체온을 유지할 수 있어요. 또 바깥쪽에는 방수 기능을 갖춘 빳빳한 겉털이 있어 차가운 북극의 바다를 헤엄칠 수도 있어요.

북극곰처럼 다른 생물들도 기후에 직접적인 영향을 받으며 살아가고 있어요. 어떤 생물들이 어떤 지역에서 어떤 모습으로 살고 있을까요?

전 세계 동물 친구들을 만나는 곳

기후에 따라 사는 동물이 다르다고?

지구상에 사는 모든 생물들은 주위 환경에 영향을 받으면서 살아가고 있어요. 이러한 생물이 살아가는 세계를 생태계라고 해요. 서천 국립생태원은 온대기후에 속하는 우리나라를 비롯하여 세계 5대 기후인 열대기후, 사막기후, 지중해기후, 극지기후에 사는 생물의 생태계를 볼 수 있는 곳이에요.

생태원에 들어서면 정문에서부터 세계 기후를 탐험할 수 있는 에코리움까지 1킬로미터 정도를 걸어야 해요. 자연을 감상하며 걷다 보면 어느 순간 입구에 도착해 있을 거예요. 참! 이곳에서는 생물과 환경을 생각하여 전기 버스를 운행하고 있으니 한 번 타 보는 것도 좋은 경험이 될 거예요.

주소 충청남도 서천군 마서면 금강로 1210

관람시간 09:30~18:00, 하절기(7~8월) 09:30~19:00, 동절기(11~2월) 09:30~17:00

휴관일 매주 월요일(월요일이 공휴일일 경우 공휴일 다음 첫 평일), 설날 · 추석 전일 및 당일

관람료 성인 5,000원, 청소년 3,000원, 어린이 2,000원

문의 대표 041-950-5300, 생태해설 프로그램 041-950-5902

☆ 생태해설 프로그램은 미리 예약해야 해요.

☆ 가볍고 편한 옷차림을 하는 것이 좋아요.

☆ 생태교육 및 가족 단위의 방문객을 위한 숙소가 있어요.

거대하고 울창한 숲의 세계! 열대관

처음 이곳에 들어오면 습하고 덥다고 느낄 거예요. 이것이 바로 열대기후의 특징이에요. 이곳은 엄청나게 크고 울창한 열대우림의 숲을 옮겨놓은 것처럼 꾸며져 있고, 그곳에 사는 여러 식물과 동물을 만나 볼 수 있어요.

열대관을 지나다 보면 커튼 막이 내려온 것 같은 인상적인 모습의 식물을 볼 수 있어요. 바로 살아 숨 쉬는 뿌리, 즉 열대식물의 기근이에요. 열대 지역은 습도가 굉장히 높아서 식물들이 공기 중 수분으로도 충분히 많은 물을 흡수할 수 있어요.

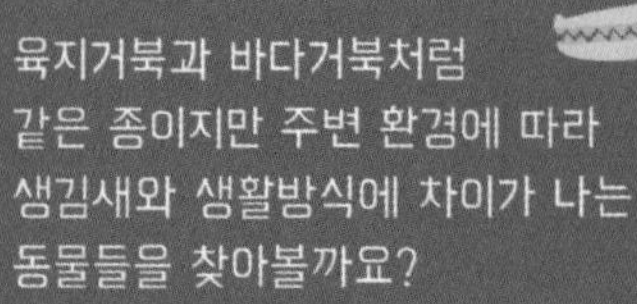

육지거북과 바다거북처럼
같은 종이지만 주변 환경에 따라
생김새와 생활방식에 차이가 나는
동물들을 찾아볼까요?

열대우림의 숲을 지나다 보면, 열대우림의 왕 악어도 만날 수 있고, 자이언트거북도 볼 수 있어요.

거북이라고 하면, 바닷속 유유자적 헤엄치는 모습을 상상할 수 있는데, 자이언트거북은 육지에서 생활해요. 자이언트거북의 발을 자세히 들여다볼까요? 자이언트거북의 발은 물속 생활이 익숙한 바다거북과 다르게 코끼리 발처럼 생겼어요, 같은 거북인데 사는 환경에 따라 발 모양이 다른 걸 보면 참 신기하죠?

나는 피라루쿠야!
공기 호흡을 하기 때문에
수면 위로 올라와
공기를 마시지!

수분을 최대한 지키자! 사막관

'사막'하면 무엇이 떠오르나요? 모래, 낙타, 선인장, 이글거리는 태양, 적도! 모두 맞아요. 이러한 사막에는 일 년에 한두 번 비가 올까 말까 해서 매우 건조해요.

추운 남극에도 사막이 있다는 것을 알고 있나요? 사막 기후라고 하면 이글거리는 태양의 모래 가득한 곳의 기후를 생각하기 쉬워요. 그런데 사막 기후의 구분은 날씨가 덥거나 추운 것이 아니고, 얼마나 건조한지가 중요해요. 이곳 사막관에 들어가면 매우 건조하기 때문에 생각했던 것만큼 덥다고 느껴지지는 않을 거예요.

사막에 사는 동물과 식물들은 몸의 수분을 지키는 것이 매우 중요해요. 식물들의 경우 대개는 잎이 바늘 모양이고 큰 줄기에 물을 저

장해 놓아서 비가 오래 오지 않아도 버틸 수 있는 힘이 있다고 해요.

땅을 자세히 살펴보세요. 돌과 돌 사이 작은 돌멩이들이 옹기종기 모여 있는 것을 볼 수 있는데, 찾으셨나요? 주변의 자갈과 빛깔도 비슷하고 모양이 비슷하여 발견하기가 쉽지 않죠?

이 돌멩이는 살아있어요! 사실 이것은 돌이 아니라 '리톱스'라고 불리는 식물이에요. 왜 돌과 같은 모양을 하고 있을까요? 사막의 포식자들이 먹어버리기 때문에 돌인 척 위장을 하고 있는 것이에요.

사막관에서 가장 인기 있는 동물 친구는 누구일까요? 바로 귀여운 사막여우예요. 해가 중천에 떠 있는데 아직도 쿨쿨 자고 있어요. 사막여우는 밤에 활동하고 낮에 잠을 자는 동물이니 깨우지 않도록 주의해 주세요. 사막여우는 여우 중에서 가장 작은 종이고 큰 귀를 가진 것이 특징인데, 이러한 특징은 더운 지역에서 몸의 열을 내보내는 데 많은 도움을 줘요.

사계절이 있다고 다 똑같진 않아! 지중해관

봄, 여름, 가을, 겨울의 사계절이 있는 지중해 기후는 우리나라와 마찬가지로 온대기후예요. 똑같은 사계절이지만 차이점이 있어요. 여름에 비가 적게 내리고, 겨울에는 온대기후보다 따뜻해요. 비가 적게 내려서인지 나무들이 대체로 키가 작은 것을 알 수 있어요.

가장 먼저 올리브나무가 눈에 띄네요. 올리브나무도 키가 크지 않고 심지어 잎도 작아요. 올리브나무의 잎은 물이 밖으로 빠져나가지 않도록 살짝 코팅된 것 같은 왁스층으로 되어 있어요.

지중해 기후에 작 적응하여 사는 여러 종류의 허브식물도 만날 수 있어요. 허브식물의 잎에는 털이 보송보송 나 있는데, 동물들이 털이 난 식물의 식감을 별로 좋아하지 않기 때문에 방어를 위해 생겨난 것이라고 해요. 향긋한 향을 가진 것이 많은데, 향 또한 곤충을 쫓아내려는 방어 수단이에요. 허브식물의 향을 제대로 맡으려면 잎 뒷면에 있는 샘을 살짝 문지르면 돼요.

지중해관의 벌레 잡는 식물 삼총사!

Sarracenia psittacina
사라세니아
우리는 원통형 잎 속에 있는 달콤한 꿀로 벌레들을 유혹해서 통 속에 빠뜨려서 잡지!

끈끈이주걱
우리는 달콤하고 끈적한 잎에 벌레들이 붙어서 움직이지 못하면 잎을 오므려서 벌레를 잡지!

레드드레곤(파리지옥)
우리는 향기로운 냄새가 나는 덫 모양의 잎이 있어~
이 잎에 벌레들이 앉으면 덫을 닫아서 벌레를 잡지!

딱 좋은 기후! 온대관

온대관은 우리나라와 같은 기후예요. 온대관에 들어오면 시원하고 쾌적하다는 것을 느낄 수 있어요. 나무들의 키도 지중해관보다 전체적으로 커졌어요. 강수량도 적절해서 식물들도 매우 다양해요. 그뿐만 아니라 이곳에서는 국내에서 살고 있는 다양한 양서류와 파충류를 볼 수 있어요.

온대관의 관람 포인트는 실내뿐만 아니라 실외도 함께 전시 공간으로 꾸며 놓았다는 점이에요. 그래서 사계절 시시각각 아름답게 바뀌는 온대기후를 그대로 느낄 수 있어요.

실외로 나가면 멸종위기 야생동물 Ⅰ급으로 지정되어 보호받고 있는 수달을 만날 수 있어요. 수달은 밤에 활동하는 야행성 동물이지만 시간을 두고 관찰하면 물속에서 수영하고, 밥 먹고, 바위에서 휴식을 취하고, 가족이랑 놀기도 하는 등의 다양한 모습을 볼 수 있을 거예요.

지구의 양끝 기후! 극지관

이제 마지막 여정, 지구의 양끝 가장 추운 곳으로 이동해 볼 거예요. 온대기후의 가장 끝인 타이가 숲 지역을 지나면 극지관에 도달해요.

'극지기후'라고 하면 어떤 것들이 떠오르나요? 하얀 눈, 빙하, 하얀 털을 지닌 북극곰이 떠오를 거예요. 그리고 뒤뚱뒤뚱 걷는 모습이 귀여운 펭귄도 만날 수 있어요.

펭귄은 귀여운 외모와 행동으로 인기가 많아요. 펭귄을 만날 때는 카메라 플래시를 터트리지 않도록 조심해야 해요. 강한 빛이 펭귄들의 시력에 영향을 미친다고 해요.

이곳에는 하얀 머리띠를 쓴 것 같은 '젠투펭귄'과 턱에 끈을 두르고 있어서 이름 붙여진 '턱끈펭귄'이 있어요. 펭귄이 뒤뚱뒤뚱 걷는 모습을 보면 다리가 무척 짧아 보이죠? 하지만 펭귄의 다리 뼈 사진을 찍어 보면 털 속에 긴 다리가 있다고 해요. 너무 추운 극지기후에

살다 보니 털가죽 속에 다리를 숨겨두었나 봐요.

펭귄은 날 수는 없지만 수영을 아주 잘해요. 펭귄들은 공통적으로 등은 검은색이고, 배는 하얀색인데 이것은 천적에 눈에 잘 띄지 않게 하려는 작전이라고 해요. 물속에서 먹이사냥을 할 때 포식자인 표범해표나 남극물개에게 펭귄의 검은색의 등은 바닷속 깊은 검푸른 색과 거의 같아서 어느 정도 혼란을 줄 수 있다고 해요. 또한 펭귄의 흰 배는 사냥을 해야 하는 물고기 눈에 잘 안 보여서 사냥할 때 먹잇감에 접근하기 쉽다고 해요. 검은색 등과 하얀 색깔의 배를 공통적으로 가진 펭귄들의 깃털색 선택은 탁월했다는 생각이 들어요.

열대관부터 극지관까지 세계의 여러 동물 친구들을 만나 정말 즐거운 여행이었어요. 내년엔 어떤 모습으로 얼마나 더 자라 있을지 또 찾아와야겠어요.

생태해설 프로그램

생태해설사의 해설로 국립생태원의 에코리움(5대 기후대관)과 야외에 있는 습지 생태원 등 생태계에 대한 내용을 풍성하고 생생하게 즐길 수 있는 프로그램이에요.

- **신청방법**: 국립생태원 홈페이지 온라인 예약 또는
  에코리움 1층 로비 어린이 생태글방에서 당일 선착순 예약
- **체험 소요시간**: 약 1시간

교육생활관

생태교육 및 가족 단위의 방문객을 위한 숙소예요. 국립생태원은 5대 기후대관 외에도 많은 전시들이 있어서 교육생활관에서 전시를 하기도 해요.

- **예약문의**: 교육생활관 관리실 041-950-5960~1

- **금구리 구역**: 우리나라의 대표적인 습지 생태계 특징을 관찰할 수 있는 체험공간
- **에코리움 구역**: 세계 각국의 다양한 식물을 재배하고 증식하는 공간
- **하다람 구역**: 우리나라의 희귀식물과 기후대별 삼림식생을 재현한 공간
- **고대륙 구역**: 우리나라 대표적 사슴류의 서식공간을 재현한 공간
- **나저어 구역**: 야생에서 날아드는 다양한 종류의 새들을 감상할 수 있는 공간

잘
다녀왔어요

생물들은 모두 저마다의 생태계에 속해 있어요. 그래서 생태계가 파괴되면 동물들이 살 수 없게 되지요. 아래 사진을 보고 북극곰에게, 그리고 우리 인간에게 하고 싶은 말을 편지글로 써 보세요.

● 북극곰에게

● 우리 인간에게

INFO

주소 경상북도 상주시 도담2길 137

관람 시간 09:30~17:30

휴관일 매주 월요일(월요일이 공휴일일 경우 공휴일 다음 첫 평일, 1월 1일, 설날·추석 전일 및 당일, 자원관 설립일(6.3.)

문의 054-530-0700

관람료 성인 2,000원, 청소년 1,000원, 어린이 1,000원

전시시청각실 영상 관람료 1,000원

준비물 사진기, 편한 옷차림, 필기도구

국립낙동강생물자원관

생물자원! 인류의 소중한 자산

낙동강은 우리나라에서 가장 긴 강으로, 강원도 태백의 함백산에서 시작되어 영남 지방까지 흐르는 강이에요.

낙동강은 철새도래지로도 유명하고 습지보호구역으로 지정되어 있어요. 천연기념물로 지정된 재두루미와 저어새를 비롯해 시기에 따라 다양한 철새들을 만날 수 있답니다. 또 버들치, 갈겨니, 누치, 각시붕어 등의 물고기들도 살고 있어요.

경상북도 상주시 낙동강 변에 자리 잡은 국립낙동강생물자원관은 낙동강 중류가 한눈에 내려다보이는 곳에 위치하고 있어요. 고요하게 흐르는 낙동강을 바라보다 보면 강물에 기대어 살고 있는 생물들이 더욱 궁금해져요. 낙동강의 환경과 이곳에 살고 있는 여러 동물들을 만나러 가 볼까요?

생물자원관 속으로

생태계의 젖줄, 낙동강

입구에 들어서면 낙동강 주변의 건강한 생태계를 보여 주는 '생태계의 젖줄, 낙동강'이라는 전시물을 볼 수 있어요. 이 전시물을 보고 있으면 마치 생물들이 살아 움직일 것 같은 착각이 들어요.

낙동강생물자원관에 전시되어 있는 생물 표본의 대부분이 박제라고 하는데, 박제는 원래 동물의 가죽을 그대로 이용해 실제처럼 만든 것이에요. 동물원에서 죽었거나 야생에서 질병으로 죽은 동물들이 살아있었을 당시의 모습 그대로 생생하게 보여 주기 위한 것이에요.

살아 움직이는 것처럼 생동감이 느껴져!

이곳에 박제되어 있는 동물 중에 부모와 자식 간의 관계에 있던 동물도 있어요. 바로 하이에나예요. 어미 하이에나가 새끼를 품고 있었는데, 출산을 며칠 앞두고 그만 사고로 죽었다고 해요. 그래서 어미 뱃속에 있던 새끼까지 함께 박제를 하게 된 것이에요.

또 실제 동물의 눈은 대부분이 물로 이루어져 있어 대상 생물의 눈과 똑같이 생긴 구슬로 만든다고 해요. 다양한 생물종만큼이나 다양한 구슬이 사용되고 있는 것이지요.

생물이 만드는 세상

제1전시실에서는 우리가 사는 지구에 얼마나 많은 생물들이 살고 있는지, 또 우리 한반도의 풍부한 생태계는 어떤지 보여 주고 있어요. 특히 낙동강은 남한에서 가장 긴 강으로, 주변에 산지, 하천, 늪, 삼각주 등 다양한 환경으로

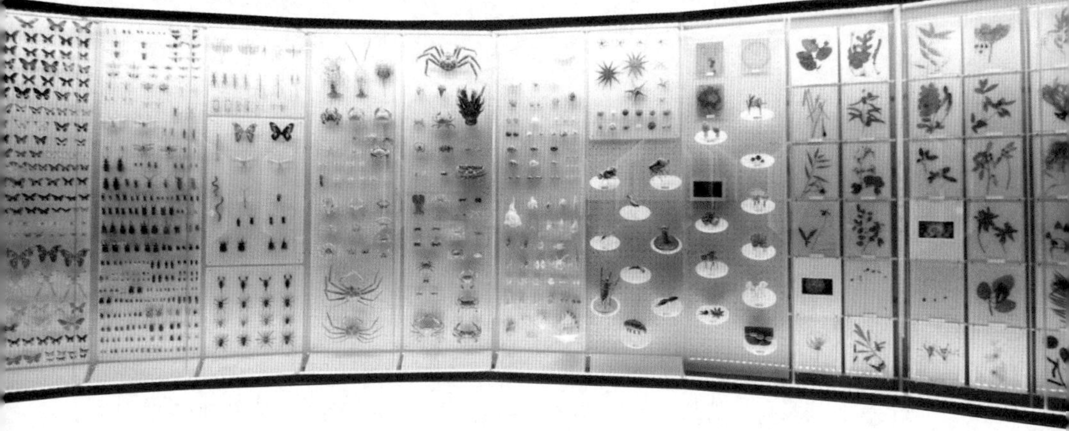

생물 다양성도 매우 높은 것을 알 수 있어요. 이처럼 낙동강은 우리나라의 생물 다양성을 유지하고 보전하는 중요한 역할을 하고 있어요.

이곳에서는 생물에게 배우는 새로운 기술들과 생물을 활용한 생활 속 제품들도 볼 수 있어요. '찍찍이'라고 불리는 벨크로는 우엉 열매의 갈고리 모양을 응용해서 만든 것이고, 찍찍이 테이프는 개코도마뱀 발바닥을 본떠 만든 것이라고 해요. 우리 생활에서도 생물자원이 이렇게 많이 사용되고 있다니! 놀라운 경험이었어요.

낙동강의 생물자원

이제 낙동강의 생물들을 본격적으로 살펴볼까요?

제2전시실에 들어서면 여러 철새들과 낙동강에 사는 물고기떼를 표현한 전시물을 볼 수 있어요.

낙동강 생물종의 많은 부분을 차지하는 것은 균류예요. 우리가 알고 있는 버섯과 곰팡이 등의 생물이 균류에 해당해요. 한반도에 사는 균류의 70퍼센트가 낙동강 유역에 분포하는 것으로 알려져 있어요. 또 낙동강 유역 산악 지역에는 우리나라의 식물종 중 절반 이상이 분포하고 있다고 해요.

낙동강의 식물, 균류, 곤충을 보고 나면 낙동강의 무척추동물을 만나볼 수 있어요. 무척추동물은 등에 뼈가 없는 생물을 말해요, 동물의 97퍼센트 정도를 차지할 만큼 대부분의 동물이 무척추동물이에요.

아! 우리나라 민물조개 중 가장 큰 '귀이빨대칭이'라는 조개가 보이네요. 그런데 안타깝게도 이 조개는 생태계 오염으로 사라질 위기에 처해 있다고 해요. 과거에 비해 빠른 속도로 개체가 감소하는 동물이 많다고 하는데, 우리의 소중한 생물자원이 영영 사라지기 전에 우리가 무엇을 어떻게 해야 할지 생각해 봐야겠어요.

꼬리치레도롱뇽이 보이는데, 이 친구는 깨끗한 계곡에서만 생활하기 때문에 환경오염의 정도를 알려주는 지표 생물로도 중요해요. 만약 이 친구를 계곡에서 만났다면, 그 계곡은 엄청 깨끗하다고 할 수 있겠죠?

내 이름은
귀이빨대칭이야!
나, 구렁이는 다른 뱀들과는
다르게 독도 없고 성격도 온순해!

지구상의 모든 종은 이어져 있어요

낙동강생물자원관에서 유일하게 살아 있는 친구들을 만날 수 있는 곳, 바로 어류가 전시되어 있는 곳이에요. 먼저 육식성 어류인 동자개를 살펴볼까요? '빠가사리'라고 들어봤나요? 바로 빠가사리가 동자개의 별명이에요. 가슴지느러미 쪽에 뼈처럼 하얀 부분이 있는데 자세히 보면 톱날처럼 생긴 것을 알 수 있어요. 이곳이 서로 닿으면서 '빠가각, 빠가각' 시끄러운 소리를 내서 '빠가사리'라고 불리는 것이에요. 별명에 생물이 내는 소리가 고스란히 담겨 있는 것이 재미있죠?

조개 속에 알을 낳는 어류인 납자루와 각시붕어도 볼 수 있어요. 가장 큰 것이 6센티미터 정도로 크기가 작다 보니 다른 물고기나 곤충들에게 잡혀 먹힐 확률도 그만큼 커요, 그래서 이들 물고기들은 안전한 산란장소를 찾다가 살아있는 조개 아가미 속에 알을 낳고 있어요. 또 조개는 자기 몸에 있는 유생을 바깥으로 착 내뱉는데 조개의 알은 흡착력을 가지고 있어서 이 알이 일정기간 동안 물고기 몸

에 붙어 있다가 하천에 떨어지면서 자신의 종을 확산시키는 것이에요. 이처럼 물고기와 조개는 서로 번식하는 데 도움을 주며 살아가고 있어요.

동물들과 같이 평화롭게 살고 싶어요

야생동물을 만나 볼까요? 먼저 고라니는 우리나라에서 개체수가 굉장히 많은 동물이에요. 고라니의 영어 이름은 'water deer'로, 이름과 같이 물을 좋아하며 수영도 잘해요.

고라니는 사슴과 동물이지만 암컷수컷 모두 뿔이 없어요. 대신 고라니의 수컷은 위쪽 송곳니가 바깥으로 길게 나와 있어서 구별할 수 있어요.

고라니는 우리나라에 천적이 없어서 개체수가 계속 늘어나고 있어요. 게다가 개발 사업으로 서식지가 파괴되면서 사람들의 생활공간으로 내려와 농작물에 피해를 주어 농부들에게는 골칫덩이에요. 그래서 멧돼지, 청설모와 마찬가지로 유해동물로 지정되어 있어요. 농작물에 피해를 주지만, 고라니를 생각하면 안쓰러운 마음이 들기도 해요. 고라니는 우리나라에서는 유해동물이지만 세계적인 멸종위기종이에요. 가까운 중국에서도 멸종위기종으로 복원사업을 하고 있다고 해요.

산양이라는 동물은 들어봤나요? 산양은 우리나라에서 멸종위기종으로 복원 사업을 하고 있어요. 산양은 목 밑에 있는 흰털과 배 밑에 흰털이 있는 것이 특징이에요. 산양은 초식동물로, 해발 800미터 이상 되는 바위로 이루어진 험준한 산에서 살고 있다고 해요.

전 세계 멸종위기종에 속하는 고라니와 우리나라에서 멸종위기종인 산양! 함께 살아갈 수 있는 방법은 없을까요? 고라니는 지금 우리나라에서는 흔하지만, 몇 년 후 또 몇 십 년 후 우리와 함께한다는 보장은 없어요.

생물들이 사는 세계를 생태계라고 하는데, 여기서 '계'는 '이을 계(系)'로 우리 눈에는 안 보이지만 대부분의 종들이 다른 종과 눈에 보이지 않는 실로 연결되어 있다는 것을 뜻해요. 하나의 종이 사라지면 그 종만 사라지는 것이 아니고, 그 종과 연관되어 있는 다른 종도 사라질 위험에 처하기 때문이에요. 그렇게 되면 어느 순간 생태

계가 무너지겠죠. 우리가 사소하게 여기는 아주 작은 종, 그리고 너무 많아서 줄어들었으면 하는 종들도 그냥 무시하고 지나쳐서는 안 되는 까닭이 바로 여기에 있어요. 지구상에 사는 모든 생물들과 함께 평화롭게 살아가는 방법을 고민하여 실천하는 것이 중요한 일이에요.

체험학습실

다양한 체험을 통해 생태정보를 알 수 있어요.

전시시청각실

전시물만으로는 경험하지 못했던 생태 관련 창작물을 시청각실에서 감상할 수 있어요(유료).

전시해설 프로그램

전문 해설사가 들려주는 생물이야기를 관람객 누구나 들을 수 있어요.
매일 4회, 10:00(1회) 13:00(2회) 14:30(3회) 16:00(4회)

생태정원 & 전시온실

생태정원은 놀이터와 휴식 공간을 제공해 주며 전시온실은 한반도의 숲 생태를 옮겨 130여 종의 식물을 관찰할 수 있어요.

고라니는 우리나라에서는 유해동물로 지정되어 있지만, 세계적으로는 멸종위기종이에요. 우리나라에서 함께 살기 위한 방법에는 어떤 것들이 있을지 좋은 아이디어를 떠올려 보세요.

상상 가득한 바다생물의 세계!

우리가 살고 있는 지구라는 아름다운 행성의 표면은 육지 또는 바다로 되어 있어요. 그중 우리는 육지에 살고 있기 때문에 육지 생물들을 더 많이 쉽게 만날 수 있는 거예요. 그런데 지구 생물의 80퍼센트가 바다에 살고 있다는 것을 알고 있나요? 게다가 바다생물 중에서 지금까지 우리가 알고 있는 양은 겨우 1퍼센트뿐이라고 해요. 그야말로 바닷속은 무궁무진한 미지의 세계라고 할 수 있어요.

INFO

주소 충청남도 서천군 장항읍 장산로 101번길 75

관람안내 하절기(3월~10월) 09:30~18:00

동절기(11월~2월) 09:30~17:00

마감시간 1시간 전까지 입장 가능(토요일과 공휴일은 1시간 연장)

휴관일 매주 월요일(월요일이 공휴일이면 그다음 평일), 1월 1일, 설날, 추석

관람료 성인 3,000원, 청소년 2,000원, 어린이 1,000원

할인 | 단체(20인 이상), 서천군민 50 %

무료 | 65세 이상, 장애인(인솔자 1인 포함), 국가유공자 및 기초수급대상자, 5세 미만 유아

문의 대표(041-950-0600), 전시관(041-950-0695)

자원관 속으로

바다생물의 씨앗을 보관하는 곳이 있다고?

국립해양생물자원관에 들어서면 1층에서부터 전시관 천장까지 맞닿은 큰 기둥이 보여요. 알록달록한 조명이 불을 밝히고 있는 이 기둥은 종자은행이에요. 종자(seed)는 씨앗을 뜻하며, 이 기둥은 씨, 곧 생물자원을 보존하며 연구하기 위한 시설이에요.

이곳에는 우리나라에 살고 있는 바다생물들의 표본이 5천여 점이나 있다고 해요. 층마다 쌍안경이 설치되어 있어서 자세히 관찰할 수 있고, 위로 올라갈수록 더 진화된 고등생물이 전시된 것을 볼 수 있어요. 그냥 지나치지 말고 자세히 들여다보면 생물자원의 아름다움을 체험할 수 있을 거예요.

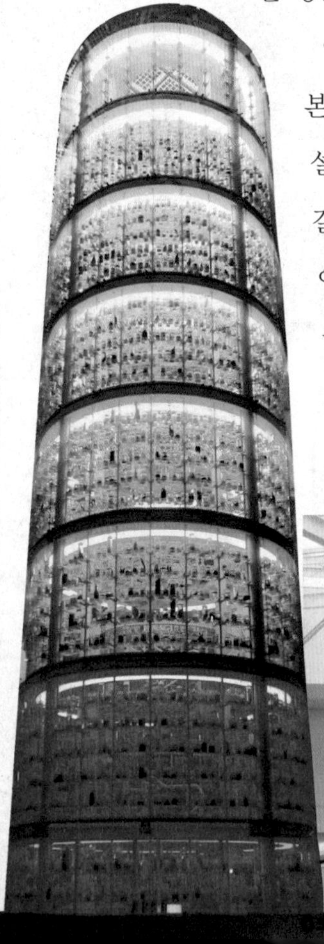

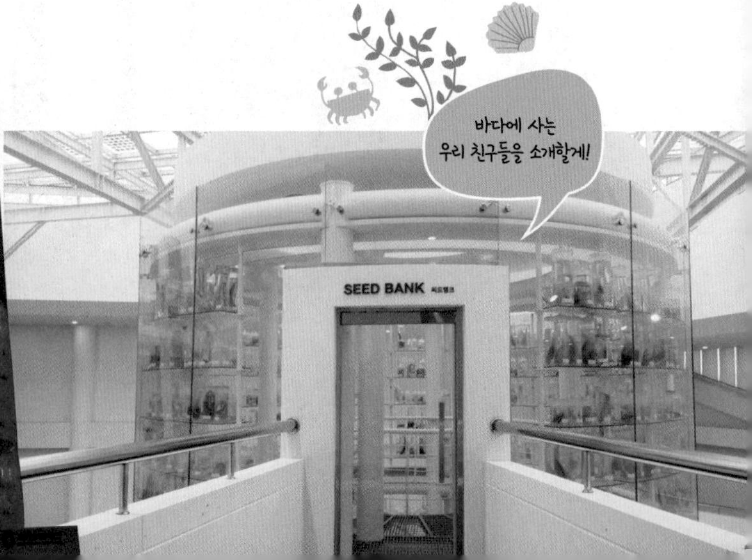

바다에 사는
우리 친구들을 소개할게!

무한한 바다생물의 세계로!

이곳은 바닷속에 살고 있는 다양한 바다생물의 종을 모아둔 곳이에요. 벽을 둘러싼 형태로 전시되어 있어서 '다양성 Wall'이라고 불러요. 국립해양생물자원관에서 볼 수 있는 모든 바다생물을 이곳에서 먼저 만날 수 있어요.

여기 보이는 생물들은 원래 살아서 움직였을까요? 아니면 비슷하게 만든 모형일까요? 생물의 99퍼센트 이상이 실제 살아 있었던 생물이에요. 완벽한 100퍼센트를 이루지 못한 까닭은 무엇일까요? 이곳에서 플랑크톤만 모형이라고 하는데, 플랑크톤은 너무 작아서 맨눈으로는 볼 수 없기 때문이에요. 이 때문에 플랑크톤을 크게 확대하여 모형으로 만들어 놓았어요.

우린 아주 작지만 중요한 일을 해!
: 해조류와 플랑크톤

우리 식탁에 자주 오르는 김이나 미역, 다시마를 좋아하나요? 이것들도 바다생물이에요. 해조류라고 하며 바위에 붙어서 자라요. 햇빛을 잘 받는 곳에 붙어서 광합성을 하며 산소를 만들어 내지요. 해조류는 우리에게 먹을거리도 주고 다양한 바다생물의 먹이 자원도 되는 중요한 역할을 해요.

해조류 옆에는 플랑크톤이 전시되어 있는데, 실제 볼 수 있도록 현미경도 설치되어 있어요. 맨눈으로는 잘 보이지 않는 플랑크톤을 어떻게 잡을까요? 바닷물을 스포이트로 빨아들이면 바로 잡을 수 있어요.

잠깐! 해조류와 해초는 어떻게 다른가요?

해초는 육지의 풀과 같아요. 뿌리와 줄기가 있고 꽃을 피우는 것이 해초예요. 반면 해조류는 뿌리같이 생겼지만 뿌리가 아닌 부착기가 있어요. 부착기는 바위에 부착하여 떠내려가지 않게 도와주는 역할을 해요.

모든 플랑크톤이 작은 것은 아니에요. 우리가 아는 해파리도 플랑크톤인데, 이것은 지름이 1미터, 무게가 200킬로그램까지 나가는 것도 있어요. 플랑크톤은 물살에 휩쓸려 이곳저곳으로 이동하는 친구들이에요. 이 중 식물플랑크톤은 해조류와 똑같이 광합성을 하여 우리가 숨 쉴 때 필요한 산소, 바닷속에 필요한 산소를 공급해 주는 역할을 해요. 또한 온몸을 바쳐서 동물플랑크톤의 먹이가 되기도 해요. 그리고 동물플랑크톤은 다시 다양한 해양생물의 먹이가 되지요.

오늘날 지구에 살고 있는 동물의 97퍼센트는?

우리 인간은 동물의 분류에서 포유류에 속해요. 더 작게는 어류, 양서류, 파충류, 조류와 함께 척추동물에 속해요. 우리가 알고 있는 강아지, 호랑이, 독수리, 악어 등의 동물들이 모두 척추동물이에요. 그런데 척추동물은 전체 동물의 3퍼센트밖에 안 된다고 해요. 나머지 97퍼센트는 모두 무척추동물이에요. 또 육지에 존재하는 곤충을 제외한 대부분의 무척추동물은 바다에서 살고 있어요.

제1전시실 한쪽 벽에 무척추동물이 종류대로 전시되어 있는데, 먼저 부드럽고 마디가 없는 오징어, 문어, 낙지 등의 연체동물을 살펴볼까요? 오징어나 낙지의 몸 구조는 굉장히 독특한데, 오징어나 낙지의 윗부분은 머리처럼 보이지만 몸이에요. 눈이 있는 좁은 부분이 머리이고, 머리 밑에 바로 다리가 있어요.

조금 옆으로 이동하면 지렁이와 닮은 생물을 볼 수 있어요. 우리는 주로 땅속에 지렁이가 사는 것으로 알고 있지만, 바다에도 지렁이가 살고 있어요. 바다에 사는 지렁이는 갯지렁이라고 해요.

생긴 것은 다소 징그럽게 보여도 갯지렁이는 우리에게 꼭 필요한 친구예요. 흙이나 바닷가의 펄을 깨끗하게 하여 펄이 썩지 않게 해 주어요. 지구의 환경을 깨끗하게 해 주는 지렁이와 갯지렁이에게 새삼 고마운 마음이 들었어요.

다리 8개인 킹크랩… 사라진 다리 2개의 행방은?

이제 딱딱한 껍질을 가지고 있는 동물들을 구경해 볼까요? 게, 새우, 따개비 등을 볼 수 있는데 방패처럼 딱딱한 껍질을 하고 있는 것이 특징이에요.

전시된 게를 살펴보면 온몸이 털로 덮여 있는 털게가 있고 그 옆에 왕게가 있어요. 털게와 왕게는 다리 개수가 달라요. 털게를 비롯해 모든 게들은 10개의 다리를 가지고 있는데, 킹크랩과 왕게만 비정상적으로 다리가 8개예요.

왕게도 처음에는 다리가 10개였는데, 한 쌍을 아주 오랫동안 사용

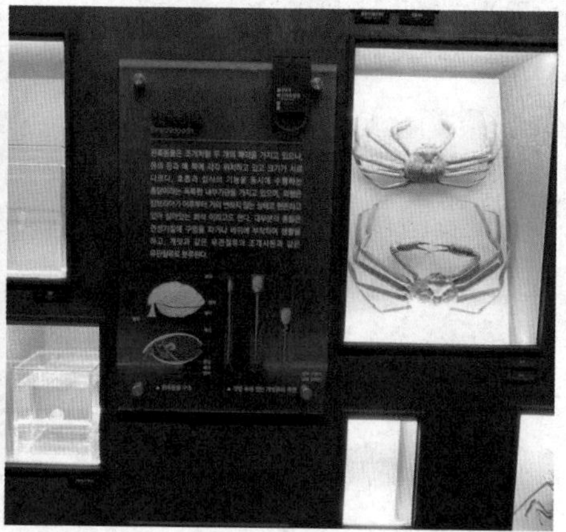

하지 않았더니 없어졌다고 해요. 이것을 조금 어려운 용어로 퇴화하였다고 해요. 퇴화한 것을 어떻게 알 수 있을까요? 등껍질과 배껍질 사이에 한 쌍의 다리 흔적이 남아 있어 확인할 수 있다고 해요. 신기하죠? 사라진 다리의 흔적을 찾아보고 싶어지네요!

바닷속 물고기들의 사생활을 파헤쳐 보자

우와! 이곳은 정말 바닷속에 들어온 것 같은 착각이 드는 곳이에요. 앞쪽으로는 같은 종의 물고기가 두 마리씩 전시되어 있는데, 암수 한 쌍이에요. 암수 구분이 가능한 물고기는 대부분 수컷이 좀 더 화려하다고 해요.

옆쪽에 특이한 알도 전시되어 있는데, 바로 홍어알이에요. 난각이라고도 하지요. 난각은 홍어의 몸속 꼬리 쪽에 2개가 들어 있는데,

바닷속 세계에 들어와 있는 것 같은 멋진 곳이야!

난각 안에는 마치 노른자 같은 수정란이 있어요. 알을 낳는다고 하여 난생이라고 해요. 물고기의 90퍼센트가 난생이고, 10퍼센트는 다른 방법으로 번식을 해요. 이곳에서 물고기들의 번식 방법을 자세히 살펴볼 수 있어요.

옆에 커다란 가오리와 가오리 옆에 나란히 붙어 있는 빨판상어가 보이네요. 빨판상어는

생물들도 서로 다양한 관계를 맺고 있다고요?

공생은 서로 도우며 함께 살아가는 것을 뜻해요. 생물 세계에서도 여러 가지 형태의 공생 관계가 있어요. 서로 도움을 주는 관계인 상리공생, 한쪽은 도움을 받지만 다른 한쪽은 아무런 영향을 받지 않는 편리공생이 있어요. 또 한 쪽은 피해를 받고 다른 쪽은 피해를 받지 않는 편해공생이 있어요. 우리 친구들 사이에서도 여러 관계가 있는데, 사이좋게 서로 이익을 주고받고 있다면 상리공생 관계라고 말할 수 있어요.

주로 상어에 붙어 다녀서 빨판상어라고 이름이 붙어졌다고 해요. 이곳에서는 가오리에 붙어 다니는데, 왜 그럴까요? 커다란 물고기에 붙어 다니면 공격을 덜 받기 때문에 좀 더 안전할 수 있어요.

또 다른 이유는 음식 때문이에요. 커다란 물고기들이 식사를 할 때 흘린 음식을 잽싸게 빨판을 때고 먹는 거죠. 때로는 커다란 물고기 등에 타고 다니며 멀리까지 수월하게 이동하기도 해요. 빨판상어 입장에서는 여러 가지 이득을 얻을 수 있어요.

그렇다고 가오리에게 피해를 주는 건 아니에요. 가오리 입장에서는 이득도 없고 피해도 없어요. 그래도 좀 얄밉긴 하네요. 가오리와 빨판상어의 관계를 과학에서는 편리공생이라고 해요.

배의 돛을 닮은 새치도 있어요. 돛새치는 물고기 중에서 속도가 가장 빠른 것으로 유명해요. 자동차 도로로 치면 고속도로 주행이 가능하다고 볼 수 있지요.

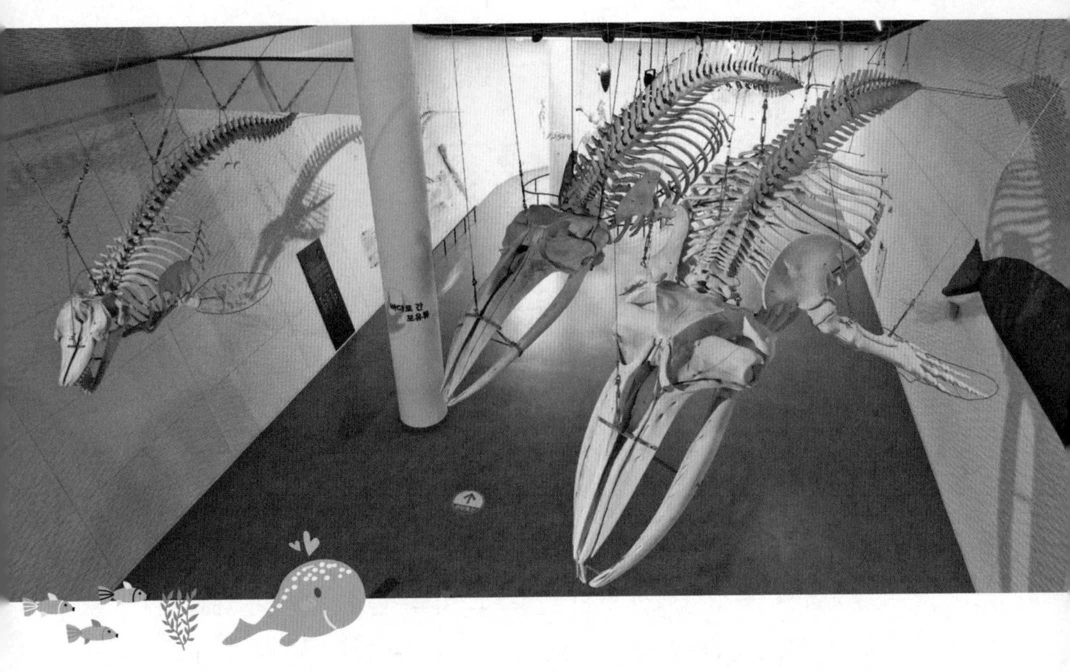

바다에 물고기만 사는 게 아니었어!

고래가 포유류라는 것을 알고 있나요? 고래는 사람처럼 새끼를 낳고 젖을 먹여 키워요. 물 위로 올라와서 허파 호흡도 하지요. 3층으로 내려가다 보면 실제 고래들의 뼈로 만들어놓은 커다란 모형을 볼 수 있어요.

곧이어 물개, 바다사자, 물범, 펭귄 등을 만날 수 있어요. 펭귄은 남극의 신사라는 별명 때문인지 얼음으로 뒤덮인 남극에서만 산다고 생각하는 친구들도 있을 거예요. 펭귄이 주로 남극에 사는 것은 맞지만, 아프리카에도 살고, 남아메리카, 오스트레일리아, 뜨거운

적도에 있는 갈라파고스에도 살고 있어요.

남극에 사는 펭귄은 좀 뚱뚱한데, 다 이유가 있답니다. 남극에 사는 동물들은 영하 40~50도의 엄청난 추위에 노출되어 있어요. 그래서 몸속 지방을 두껍게 하여 몸을 따뜻하게 하다 보니 뚱뚱한 것이에요.

국립해양생물자원관에 있는 펭귄은 비교적 날씬한데, 이 펭귄은 따뜻한 남아프리카공화국에서 사는 자카스펭귄이에요. 이렇게 사는 곳에 따라 펭귄의 모습도 다양해요. 뒤뚱뒤뚱 귀여운 아기 펭귄을 보는 것을 끝으로 전시관을 마무리하려니 아쉬운 마음이 드네요. 해양생물들을 탐험하는 뜻깊고 좋은 기회였어요.

해양생물 전문해설사의 해설 프로그램

하루 6차례 무료 전시해설을 진행하므로, 안내시간표를 참고하여 방문하세요.

4D 영상상영

입장권은 1,000원이며, 현장에서만 예매할 수 있어요. 월별 상영작이 달라지므로 시기를 잘 조율하면 다양한 상영작을 관람할 수 있어요.

교육 프로그램

유아, 초등, 중·고등학교 교육 프로그램 및 주말 가족 프로그램을 운영하고 있고, 해양생물연구프로젝트, 해양생물 탐구대회 등 다양한 교육프로그램이 있어요.

가장 인상 깊었던 바다생물의 이름과 그 까닭을 적고, 바다생물의 모습과 그 주변을 예쁘게 그려 보세요.

- 가장 인상 깊었던 바다생물

- 인상 깊었던 까닭

INFO

주소 충청남도 서산시 부석면 천수만로 655-73

관람시간 하절기 (3월~10월) 10:00~18:00
동절기 (11월~-2월) 10:00~17:00

휴관일 매주 월요일

관람료 성인 3,000원, 청소년 2,000원, 어린이 1,500원, 단체, 서산시민할인

문의 041-661-8054

준비물 사진기, 편한 옷차림, 필기도구

천수만, 서산버드랜드

새와 함께 산다는 것

지금 보이는 사진은 빨강, 파랑, 노랑 등 아름다운 색깔로 이루어진 새의 깃털의 일부예요. 정말 아름답죠? 우리가 만나는 새들은 저마다 자신만의 아름다움을 뽐내고 있어요. 우리나라에도 해마다 엄청난 무리의 아름다운 새들이 모여드는 곳이 있는데, 충청남도 서산에 있는 천수만이 바로 그곳이에요. 철새들의 서식지로 유명한 천수만과 서산버드랜드에서 더 많은 새들을 만나 볼까요?

마카오 앵무새의 깃털

천수만 속으로!

순조롭지만은 않았던 새들의 쉼터

이곳 전망대에서 새를 관찰할 수 있어!

여름이나 겨울철에 가끔 하늘을 올려다보면 새들이 무리지어 멀리 날아가는 것을 본 적이 있을 거예요. 이들은 단체로 어디로 가는 걸까요?

보통 이렇게 무리지어 날아가는 새들은 철새인 경우가 많아요. 철새는 먹이가 풍부한 장소를 찾아 알을 낳고 새끼를 키우거나 겨울을 나기 위해 서식지를 이동하는 새를 말해요. 머무는 곳은 중요한 번식 장소이자 취식과 휴식을 할 수 있는 장소예요.

우리나라에는 해마다 많은 철새들이 찾아오는데, 그 가운데 철새들의 서식지로 유명한 곳이 바로 천수만이에요.

천수만은 서해와 붙어 있고 1970년 이전에는 하루에 두 번씩 물이 드나들었던 갯벌이었다고 해요. 작은 섬들이 많아 다양한 물고기들을 비롯하여 도요 · 물떼새들의 주요 서식지이기도 하였어요.

하지만 1970년대 밥이 귀하던 시절에 이곳을 흙으로 메꾸어 지금은 광활한 논밭이 되었다고 해요. 우리 인간들은 배부르게 되었지만, 이곳을 드나들던 물고기들과 갯벌을 이용하던 많은 새들은 터전을 잃고 이곳을 떠나고 말았지요.

한때 이곳을 찾는 오리와 기러기들의 수가 급격히 줄어들어 위기도 있었지만, 다행히 1980년경부터 오리와 기러기류의 철새들이 도래하고 있어 오늘날에는 세계적인 철새 도래지로 인정을 받고 있어요.

매년 겨울 철새기행전을 열고, 철새 보호와 지역 주민 지원을 하는 등 새와 공존하기 위한 다양한 활동을 하고 있어요. 이곳으로 오는 새들도 점점 늘어나고 있다는 반가운 소식이 들리네요.

텃새, 철새 어떻게 다른가요?

텃새 계절이 바뀌어도 이동하지 않고 우리 주변에서 번식하며 서식하는 새를 말해요.

철새 봄, 여름, 가을, 겨울, 즉 계절에 따라 우리나라를 찾아오는 새를 철새라고 해요..

- **여름 철새** 봄에 우리나라에 찾아와 번식하고 가을에 다시 남쪽으로 이동하는 새
- **겨울 철새** 가을에 우리나라를 찾아와 겨울을 보내고, 봄이 되면 북쪽으로 이동하는 새
- **나그네 새** 봄과 가을에 우리나라를 통과하는 새
- **길 잃은 새** 본래의 이동 경로나 분포 지역을 벗어나 우리나라를 찾아온 새

새를 만나러 가는 길

천수만에 왔다면, 겨울 철새를 보러 가는 것을 추천해요. 천수만에는 1년 내내 많은 새들이 찾아오지만, 특히 겨울철은 논의 수확이 끝난 후여서 새들을 더 쉽게 관찰할 수 있어요. 또한 낙곡으로 1년 중 새들의 먹이양이 가장 많은 시기예요.

하지만 이때에도 무작정 찾아간다고 모든 새들을 만날 수 있는 것은 아니에요. 새들에게 방해를 주지 않으면서 관찰하는 것이 중요해요. 새들은 이곳에 왔을 때 먹이 활동을 잘 해야만 건강한 모습으로 자신이 있었던 곳으로 되돌아갈 수 있어요. 그래야 번식에 성공하고, 또 다시 이곳에 올 수 있기 때문이에요.

다시 돌아온 황새

천수만에서 겨울을 지내는 대표적인 친구는 큰기러기, 쇠기러기를 뽑을 수 있어요. 이들은 이동 중 지친 체력을 보충하기 위해 열심히

먹고, 몸단장도 하고 또 다른 여행을 위해 충분히 휴식을 취해야 해요.

이 시기 귀한 손님이 또 있는데, 바로 황새예요. '어디선가 들어봤는데'라는 생각이 들 정도로 익숙하지 않나요? "뱁새가 황새 따라가다 가랑이가 찢어진다." 능력이 뛰어난 사람(황새에 비유)을 무작정 따라가다 보면 오히려 피해를 입는다는 뜻의 속담 속 주인공이에요. 목이 긴 황새가 먹이를 먹으려고 논두렁을 넘겨보듯, 은근히 엿보는 모습을 비유한 말인 '황새 논두렁 넘겨보듯' 등 여러 속담에도 등장해요. 그만큼 과거에는 황새가 우리나라에 텃새로써 흔히 볼 수 있었다고 해요.

급격한 환경 변화로 1960년대 텃새로써의 황새는 멸종되어 버렸어요. 겨울 철새로 찾아오는 황새도 아주 귀해졌지요. 황새에게 위기의 세월은 길었지만 이제 곧 다시 볼 수 있을 거예요. 새와 함께

살기 위해 복원 사업을 하고 있거든요. 이처럼 멸종된 이후 그 종이 다시 돌아오기까지 엄청나게 많은 노력과 시간이 필요해요. 또 항상 우리와 함께 살 수 있도록 노력하고 관심을 가져주는 것이 중요해요. 언젠가는 예전처럼 황새도 우리와 함께 둥지를 틀며 함께 살 수 있는 날이 오겠죠?

새들의 길찾기

이제 서산버드랜드로 가 볼까요? 서산버드랜드에 들어서면 입구에서부터 앙증맞은 새들이 우리를 반겨주어요. 이곳의 랜드마크인 철새박물관은 천수만에서 관찰할 수 있는 큰기러기, 가창오리, 노랑부리저어새, 큰고니 등 200여 종 새들의 표본과 전시자료, 영상, 새소리를 함께 접할 수 있는 곳이에요. 또한 새들이 쉽게 날 수 있는 이유, 다양한 모습을 띄고 있는 날개, 발과 부리의 모습 등 관련된 이야기도 친절하게 설명하고 있어요.

이렇게 많은 종의 철새들은 모두 어디에서 왔을까요? 이들 철새들은 종의 다양성만큼 고향도 다르고, 머무는 기간도 각양각색이에요.

하늘 길에 표지판이 있는 것도 아닌데, 어떻게 해마다 정확히 이곳을 찾아오는 걸까요?

낮에는 해를 보고, 밤에는 별을 보고 길을 찾는다고 해요. 특히 철새들은 야간비행을 즐긴다고 하는데 아무래도 먼 거리를 이동해야

새 탐조를 위한 예절,
이것만은 지켜요!

1. 가급적 먼 거리에서 쌍안경·망원경을 이용하여 관찰해요.
2. 화려한 옷, 눈에 띄는 옷은 입지 않는 것이 좋아요.
3. 옆의 친구와 큰소리로 이야기하지 않도록 해요.
4. 새들의 서식지 환경을 훼손시키면 안 돼요.
5. 새들의 번식 기간 중에는 출입하면 안 돼요.

하므로 바람의 방향이 안정되고 공기도 시원한 밤을 더 좋아하는 것이에요. 또한 새들의 몸에는 나침판과 같이 남쪽, 북쪽을 구분할 수 있는 능력, 즉 자기장을 감지할 수 있는 능력이 있다고 해요. 놀랍지 않나요? 우리 인간의 몸에도 방향 탐지기가 있으면 좋을 텐데 철새들이 마냥 부럽네요.

새끼 사랑 장다리물떼새

전시관 안쪽으로 들어가면 아기 새가 부모 새의 사랑을 받으며 성장하는 모습을 확인할 수 있어요. 바로 천수만에서 깜찍한 외모로 인기를 끄는 장다리물떼새예요. 가늘고 긴 붉은다리가 특징이에요.

장다리물떼새는 1980년대만 해도 우리나라에 규칙적으로 찾아오

는 새는 아니었다고 해요. 길 잃은 새로 알려져 있었는데 1990년대 전국적으로 찾아오는 수가 많아지고 규칙적으로 나타나기 시작하였어요. 지금은 어떻게 되었을까요? 이제 천수만에서 번식한다고 하니 이곳의 생태에 잘 적응한 듯 보이네요. 앞으로도 식구를 잘 꾸릴 수 있도록 관찰해 봐야겠어요!

전망대에서 새 관찰하기

철새박물관을 나오면 둥지전망대가 있어요. 전망대로 올라가는 엘리베이터는 밖이 보일 뿐만 아니라 아래도 내려다 볼 수 있게 유리로 되어 있어요. 이곳의 가장 큰 장점은 전망대에 설치된 망원경으로 천수만에 찾아오는 새를 관찰할 수 있다는 거예요.

전망대 망원경으로 새들이 좋아하는 공간인 '철새서식조성지'도 보이네요. 이곳은 가을철 쌀을 수확할 때 모두 수확하지 않고 새들의 식사를 위해 수확물의 일부를 남겨 놓는다고 해요. 또한 새들을 위해 물을 채워 두기도 한다고 해요. 새들과 함께 살아가기 위한 노력들을 하고 있는 것이에요.

이곳 버드랜드에는 전망대뿐만 아니라 곳곳에 산책로와 숲속놀이터, 생태학습장도 있어 숲에서 자연을 친구삼아 새를 관찰하기에 더없이 좋아요. 산새 관찰용 테크 등에도 망원경이 설치되어 있으니 새 찾는 것에 우리 함께 도전해 보는 건 어떨까요?

철새 탐조투어

- **기간** 매년 2~3월, 11월~12월
- **장소** 천수만 A지구 일원
- **참가인원** 일반탐조 40명/회, 심층탐조 15명/회
- **투어시간** 일반탐조 90분, 심층탐조 120분

천수만 생태교실

- **숲 생태교실** 생물관찰, 놀이체험
- **논 생태교실** 논 및 둠벙 생물관찰
- **갯벌 관찰교실** 갯벌 생물관찰, 놀이체험

체험교실- 상설 체험교실

- **체험장소** 철새박물관 생태체험방 및 세미나실
- **탐가대상** 연령제한 없음
- **운영시간** 상시운영

4D영상관 - 천수만의 자연을 온몸으로 느껴 보세요

세계적인 철새도래지로 유명한 천수만의 대표적인 큰기러기, 가창오리, 노랑부리저어새, 큰고니 등의 다양한 철새를 입체감 있게 체험할 수 있는 테마영상관이에요.

새들과 함께 살아가기 위해 우리가 할 수 있는 일을 세 가지 이상 써 보세요.

부모님, 친구와 함께 새를 관찰한 후 관찰 노트를 기록해 보세요.

일 시 ______년 ___월 ___일 시간 날씨

장 소 (물가, 산, 논)

종 명 **소 리**

행동 및 특징

새를 관찰하면서 느낀 점 등

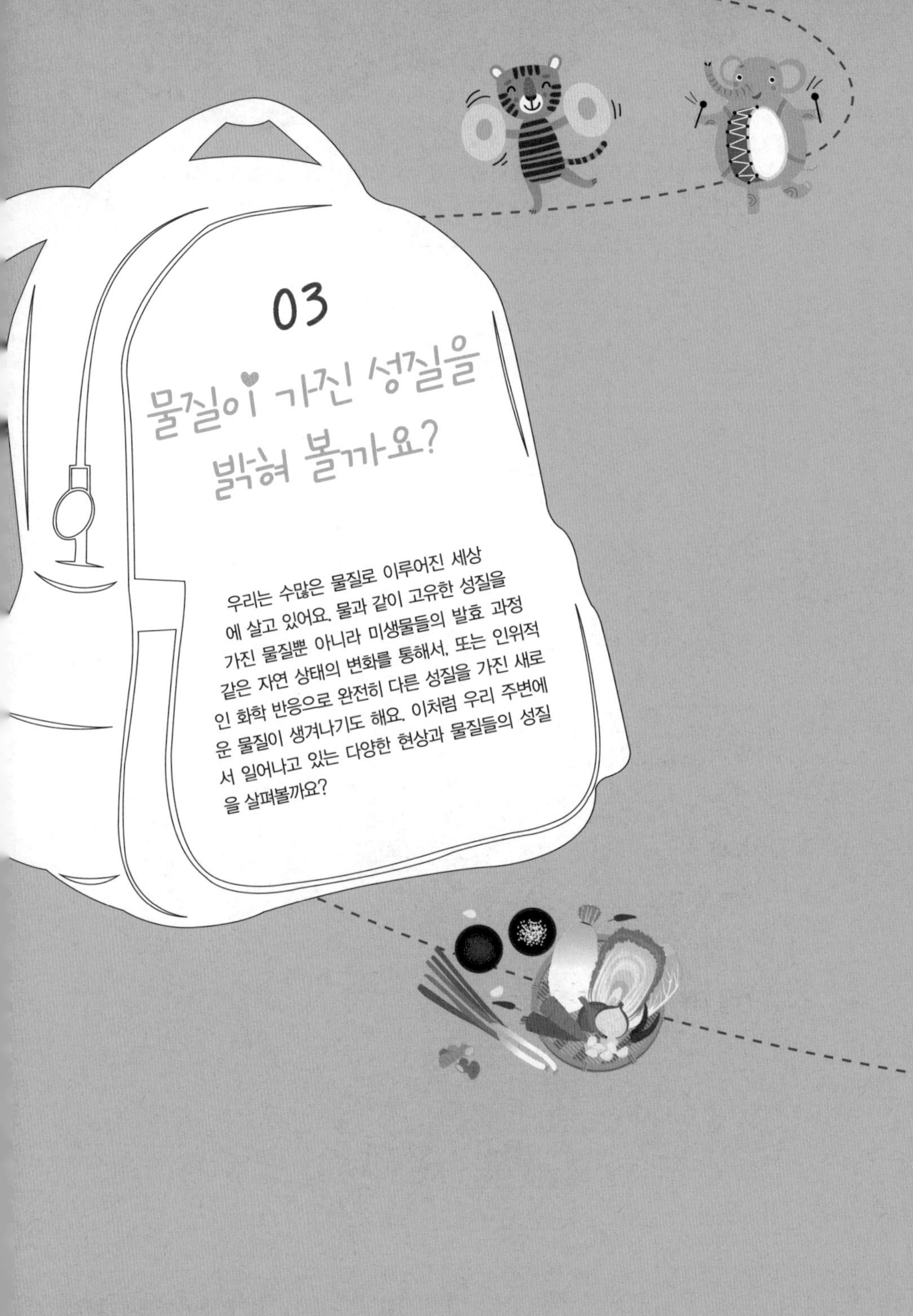

03

물질이 가진 성질을 밝혀 볼까요?

우리는 수많은 물질로 이루어진 세상에 살고 있어요. 물과 같이 고유한 성질을 가진 물질뿐 아니라 미생물들의 발효 과정 같은 자연 상태의 변화를 통해서, 또는 인위적인 화학 반응으로 완전히 다른 성질을 가진 새로운 물질이 생겨나기도 해요. 이처럼 우리 주변에서 일어나고 있는 다양한 현상과 물질들의 성질을 살펴볼까요?

비밀스런 도심 속 지하여행
- 서울하수도과학관

종소리가 울리면
- 진천 종박물관

김치는 과학이다
- 뮤지엄김치간

화약의 힘으로 적군을 물리쳐라!
- 최무선과학관

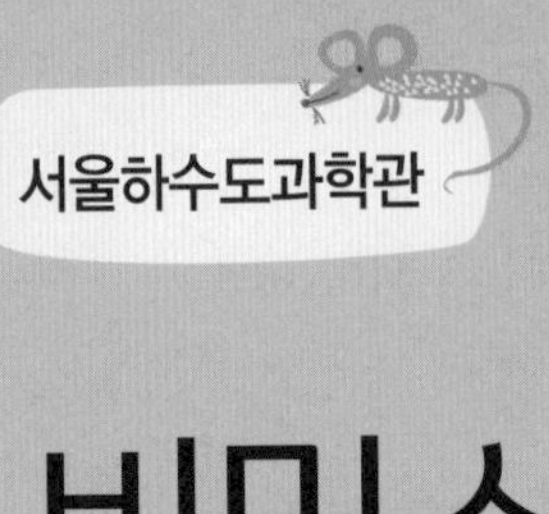

서울하수도과학관

비밀스런 도심 속 지하여행

영화 '니모를 찾아서'에서 흰동가리 니모는 잃어버린 아빠를 만나기 위해 다시 바다로 갔어요. 이때 니모가 탈출구로 선택한 길은 바로 화장실 변기를 통하는 것이었어요. 니모는 변기에서 내린 물을 타고 어떻게 바다로 갈 수 있었을까요?

우리가 매일 먹고 마시고 쓰는 물은 어디에서 오고 또 어디로 가는 것일까요? 우리가 쓴 물도 니모가 탈출구로 선택한 화장실 변기의 물처럼 바다로 흘러들어갈까요?

과학관 속으로!

서울의 살아있는 정맥, 하수도

서울 성동구에 있는 서울하수도과학관에 들어서면 가장 먼저 커다란 지도를 볼 수 있어요. 조선 시대 유명한 화가 김정호가 그린 수선전도예요. 한양의 물이 청계천으로 모이는 모습을 표현하고 있는데, 마치 서울을 살아 숨 쉬게 하는 핏줄 같아 보이지 않나요?

실제로 물은 우리 생활에 없어서는 안 되는 생명의 줄기와도 같아요. 사람은 매일 물을 마시면서 70퍼센트 가량의 수분을 유지하며 살아가요. '빗물은 지구의 생명수'라는 말이 있듯이, 우리는 빗물을 깨끗한 물로 바꾸어서 마시기도 하고 씻기도 해요. 그런데 비가 오는 날 밖에 나가 보면 빗물은 땅 위에 고이지 않고, 땅 위의 온갖 먼지나 오염물질들을 품고 흘러가는 것을 볼 수 있어요. 빗물은 어디로 가서 깨끗한 물이 되어 다시 우리에게 돌아오는 것일까요? 서울

주소 서울특별시 성동구 자동차시장3길 64
관람시간 09:00 ~ 17:00
휴관일 매주 월요일(단, 신정, 설날 및 추석 당일 휴관)
입장료 무료
문의 02-2211-2540
체험시간 홈페이지에서 체험 시간 개별 확인

하수도과학관을 여행하며 그동안 잘 알지 못했던 물의 신비한 도심 속 지하 여행을 함께 떠나 봐요.

수선전도(김정호 작품)

문화재가 된 하수도

도시에서 사용된 온갖 더러운 물이 흘러가는 냄새나는 하수도가 문화재라고요? 이상한 소리로 들릴 수 있지만, 실제로 서울 남대문 지하에는 약 100년 전 만들어져 지금까지 사용되고 있는 문화재로 지정된 하수도관이 있어요.

조선 시대에 한양(지금의 서울)에 배수 시설로 만들어졌는데, 사람들이 사용하고 버린 오염된 물을 한데 모아 청계천으로 내보내는 수로였어요. 당시에 단단한 화강암을 재료로 하여 튼튼하게 만들어져서 30미터 정도가 원형 그대로 남아 있어요. 덕분에 오늘날까지 그 일부가 하수도관으로 사용되며 서울의 물을 운반하는 역할을 하고 있어요.

서울 광장 지하 배수로, 남대문로 지하 배수로, 태평로2가 지하 배수로는 서울시 문화재로 지정되었어요. 장마철 홍수 피해를 막기 위해 보이지 않는 서울의 땅속 지하에서 오염된 물의 이동 통로가 되어 주는 하수도, 우리에게 정말 고마운 존재예요.

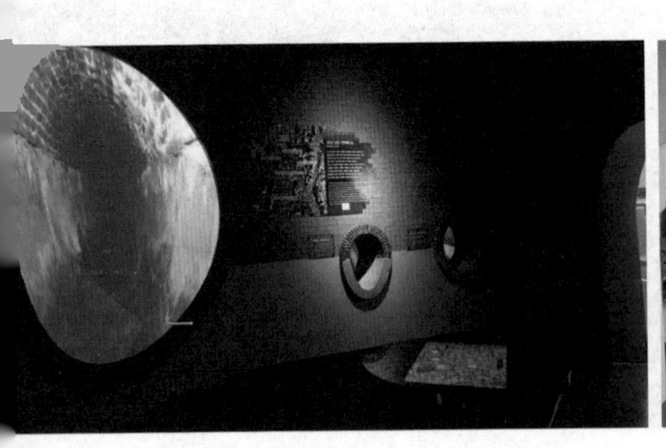

하수처리시설이 제대로 갖춰져 있지 않던 시절에는 장마철에 비가 많이 오면 오물들과 물이 섞여 질병이 자주 발생하였어요. 또한 콜레라, 이질, 장티푸스와 같은 병들은 깨끗하지 않은 물로 쉽게 전염되어 많은 피해를 주었어요.

우리나라는 1970대부터 한강물을 깨끗하게 살리기 위한 하수처리장 시설을 본격적으로 만들었어요. 바로 세계 속에 한국을 널리 알릴 수 있었던 큰 국제대회인 1986년 아시안게임과 1988년 올림픽을 준비하기 위해서였죠.

오늘날 우리나라는 세계적 규모의 대도시인 서울을 깨끗하게 유지할 수 있는 하수처리기술을 완비하고 있어요. 그리고 최근에는 외국에 물 정화 기술을 수출까지 하고 있다고 해요.

인류 문명의 발달을 가져오다

고대 문명의 발상지였던 나일, 인더스, 황하, 티그리스-유프라테스 모두 거대한 강을 중심으로 물을 이용한 기술과 산업의 발달로 문화를 꽃피웠던 지역이에요. 이처럼 물은 인류의 발전과 매우 밀접한 관련이 있어요.

또한 물은 지구상에서 가장 중요한 화학 물질로, 물이 가진 독특한 성질은 우리의 생존과도 직결되어 있어요. 인체의 70퍼센트는 체액이나 혈액 등의 물로 구성되어 있는데, 이 때문에 추운 겨울이나 뜨거운 여름에도 우리의 체온을 유지할 수 있는 것이에요.

깨끗한 물은 인류의 평균 수명 연장에도 크게 기여하고 있어요. 물에는 구리나 철, 칼슘 같은 화학 물질이 포함되어 있는데, 하수 시설이 제대로 갖추어지지 않았을 때는 물에 병원균이나 독성 물질 등이 포함되어 인류의 건강을 위협하고 많은 질병을 일으켰어요. 깨끗한 물은 바로 우리의 건강을 지키는 가장 기본이 되는 것이에요. 오염된 물의 정수 과정, 깨끗한 수질 관리 등이 얼마나 중요한지 알 수 있겠죠?

우리나라 하수도의 역사

우리나라에도 문명이 시작된 이래로 물 관리 흔적이 역사로 남아 있어요. 우리나라 하수도의 역사는 청동기 시대로 거슬러 올라가요.

고대 로마시대의
화장실
통일신라시대
경주의 화장실
(노둣돌)
제주도의
전통화장실 통시
조선시대
휴대용 변기
(매화틀)
1950년대 분뇨
처리방법
(똥지게)
백제시대
휴대용 변기
(호자)

서울하수도과학관 1층 전시실에는 청동기 시대에 땅을 파서 집을 짓고, 생활하수와 빗물이 밖으로 빠져나가도록 한 수혈식 주거지 터와 토사 유실 방지를 위해 쌓아졌던 배수로 돌이 유물로 전시되어 있어요.

울주 교동리 456 유적과 익산 왕궁리 유적을 살펴보면, 대형 화장실의 모습을 볼 수 있어요. 그리고 통일 신라 시대의 경주 동궁과 월지 전시물을 살펴보면 좀 더 발전한 형태의 금속제 거름망을 사용한 배수로도 확인할 수 있어요.

하수처리장까지 빗물과 오물의 이동

도시의 사람들이 사용한 물은 수많은 배관들을 통해 하수처리장으로 모여요. 배관 중에는 중간에 하늘의 빗물을 받기도 하고, 화장실의 오물을 받는 관도 있어요. 그런데 빗물이 사용된 물과 함께 하수도를 통해 이동한다면 어떨까요? 깨끗한 빗물조차 오염되고 다시 정화하는 번거로운 일이 생기게 될 거예요. 그래서 최근 지어지는 신도시들에서는 처음부터 오물이 이동하는 오수관과 빗물이 들어오는 우수관을 분리하여 하수도를 설계한다고 해요. 훨씬 효율적이겠죠?

길을 걷다 볼 수 있는 맨홀 뚜껑에도 과학적 원리가 숨겨져 있다는 사실을 알고 있나요? 두 개의 맨홀 뚜껑 사진을 비교해 보고 차이점을 찾아볼까요? 네, 맞아요. 구멍이 있는 것은 우수관, 구멍이

없는 것은 오수관이 지나고 있다는 것을 표시한 거예요.

하수가 깨끗해지는 방법

더러운 물이 깨끗하게 정화되는 방법으로 '거름망'을 통한 '여과' 방식에 대해 들어 봤을 거예요. 이처럼 물속에 포함된 비교적 큰 물질들을 걸러내는 방법을 '물리적 방법'이라고 해요. 하수에 있는 생물체(미생물)를 이용한 생물학적 방법과 화학약품 처리를 통해 살균 소독 등을 하는 화학적 방법이 있어요. 우리나라의 화학적 방법은 세계적으로도 고도화된 기술로 꼽혀요. 더 나아가 하수처리를 통해 에너지를 생산하기도 한다고 해요. 이곳을 둘러보고 나면 우리나라 과학기술의 우수성에 자부심이 느껴질 거예요.

실제 하수처리시설을 볼 수 있는 비밀의 방

2층 입구에는 하수처리 수조와 활성탄 여과 등 모형을 전시해 놓은 공간이 있어요. 그런데 이곳은 비밀의 방이에요. 바로 불을 끄고 보면 새로운 공간으로 변신해요. 불을 끄고 유리벽을 바라보면, 안 보이던 실제 하수처리시설이 내려다 보여요. 이곳 하수도과학관이 하수처리시설 위에 지어져 있기 때문에 유리창을 통해 시설을 내려다볼 수 있게 설계된 것이에요.

이곳에서 하루 500톤의 깨끗한 물이 생산되는데, 여기에서 200톤

은 과학관에서 자체 사용하고, 남은 300톤은 옆에 있는 서울새활용 플라자로 보내준다고 해요.

우리가 사용하는 물이 어떻게 처리되고 다시 우리에게 오는지 알게 되었나요? 물론 하수처리시설이 잘 되어 있어 언제 어디서나 깨끗한 물을 사용할 수 있게 되었지만, 우리에게 소중한 물을 아끼고 생활 속에서 오수를 적게 만드는 것이 중요해요.

우리 발밑에 우리의 건강과 생명을 지켜주는 하수처리시설을 관리하고 애써주시는 분들에게 감사한 마음이 드는 하루였어요.

물순환테마파크

하수도 과학관 전시실 관람을 마지고 밖으로 나오면 물순환테마파크가 있어요. 날씨가 따뜻한 날에 방문하면 아이들이 뛰어놀 수 있는 놀이터와 요즘은 거의 보기 드문 우물 펌프를 이용해 직접 물을 길어 올릴 수 있는 체험 코너에서 여러 체험 활동을 할 수 있어요. 펌프질의 세기와 속도에 따라 길어 올리는 물의 양이 달라지는 점을 가족과 함께 체험해 보면서 비디오 영상으로 남겨 보세요.

전시해설

전시해설은 미취학 아동을 위한 어린이 해설과 초등학생 이상 성인을 대상으로 하는 해설이 있어요. 홈페이지를 통해 방문 하루 전까지 예약이 가능하고, 현장에서 예약은 불가능해요. 평일(화~금) 전시해설을 예약하면 하수처리시설에도 직접 방문하여 현장체험을 할 수 있어요.

교육 프로그램

과학관에는 어린이들을 위한 흥미진진한 교육 프로그램들이 있어요. 체험을 떠나기 전에 서울하수도과학관 홈페이지를 방문하여 체험 프로그램을 미리 예약하면 알찬 과학관 체험이 가능해요. 주제는 방문 시기에 따라 바뀔 수 있지만, 하수가 처리되는 과학적 원리와 기술을 주제로 프로그램들이 운영되고 있으니, 사전 예약을 통해 체험해 보는 것도 좋아요.

주제

① 미생물아 고마워
② 내 똥은 어디로 갈까?
③ 물속으로 퐁퐁퐁

체험 시간 프로그램에 따라 다름
접수 방법 체험시간에 운영 장소로 모이면 진행
참가비 없음

물의 소중함을 생각하며, 물을 소재로 짧은 글 또는 동시를 지어 보세요.

"학교종이 땡땡땡~

어서 모이자~

선생님이 우리를~

기다리신다"

초등학교 교과서에도 많이 실려 저절로 따라 부르게 되는 '학교종'이란 동요의 가사예요. 요즘엔 학교 방송국에서 수업의 시작과 끝을 알리는 방송 음악이 나오지만, 예전에는 종으로 수업의 시작과 끝을 알리기도 하였다고 해요.

영롱하고 맑은 소리를 내는 종에도 과학의 원리가 숨어 있다고 해요. 어떤 원리가 숨어 있을까요?

주소 충청북도 진천군 진천읍 백곡로 1504-12

체험시간 10:00 ~ 18:00

휴관일 매주 월요일, 1월 1일, 설날, 추석

관람료 성인 1,500원, 어린이 13세 이하 500원

체험가능연령 전체

문의 043-539-3847~8

준비물 사진기, 편한 옷차림, 필기도구

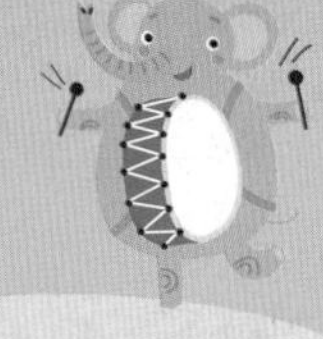

진천 종박물관

종소리가 울리면

박물관 속으로

슬픈 전설을 품고 있는 성덕대왕신종

한국의 종은 '코리안 벨(Korean Bell)'이라는 학명이 있을 정도로 세계에서 인정받고 있어요. 굉장하죠? 충청북도 진천에는 세계에서 인정받는 우리나라 종의 모든 것을 보여 주는 곳이 있다고 해요. 바로 진천 종박물관이에요.

진천 종박물관은 진천 역사 테마공원과 아름다운 백곡호 주변에 자리 잡고 있어 가족 단위의 여행지로도 유명해요. 또 자연과 함께 일상의 피로를 풀기에도 좋은 곳이에요.

종박물관 주차장에 들어서면 가장 먼저 성덕대왕신종이 눈에 들어와요. 엄청난 크기의 종을 보면 장엄하고도 웅대한 멋을 느낄 수 있어요.

종이 울릴 때마다 '에밀레 에밀레' 소리를 낸다는 전설이 깃들어 있는 에밀레종에 관련된 설화를 알고 있나요? 에밀레종은 신라 제35대 경덕왕이 선왕인 성덕대왕을 기리기 위해 만들라고 지시하였다고 해요. 이후 30년의 제작 기간을 거쳐 36대 혜공왕 때 완성하였어요.

이 에밀레종이 바로 국보 29호 성덕대왕신종이에요. 우리나라에서 두 번째로 오래된 종이며, 현존하는 가장 큰 종이에요.

제1전시실로 들어가기 전에 성덕대왕신종과 그 주변으로 종을 완성한 후 거푸집을 떼어내는 형상을 실물 크기의 모형으로 만든 것을 볼 수 있어요. 모형만으로도 그 크기에서 오는 웅장함과 문양에서 오는 화려함을 느낄 수 있어요. 성덕대왕신종의 원본은 국립경주박물관에 가면 만나볼 수 있다고 해요.

용뉴 용 모양의 고리로 종을 매달 수 있게 되어 있어요. 일본과 중국의 범종은 쌍용인 데 반해 우리나라의 범종은 한 마리의 용으로 구성되어 있어요.
음통 용통 또는 음관이라고도 불리는 관으로 종의 소리가 맑고 은은하게 울리도록 도와주어요. 우리나라의 범종에서만 볼 수 있는 독특한 양식이에요.
연뢰 9개의 연꽃 봉오리 모양으로 돌출된 장식이에요. 시대에 따라 크기와 모양이 약간씩 다르지만 36개를 장식하는 것은 항상 지켜왔어요.
연곽 연뢰를 싸고 있는 사각형의 틀로 4개의 연곽으로 구성되어 있어요.
당좌 종을 치는 자리예요. 원형의 연꽃무늬로 장식되어 있어요.
서양의 종은 가운데에 추가 있어서 흔들어 소리를 내요.

우리나라의 종? 서양의 종?

우리나라의 종과 서양의 종은 어떻게 다를까요? 먼저 우리나라 종의 특징을 알아볼까요?

제1전시실에는 우리나라 종의 특징을 한눈에 볼 수 있는 전시물들이 전시되어 있어요. 먼저 우리나라 종은 음통, 용뉴, 상대, 당좌 등의 여러 부분이 결합된 형태로 만들어져요. 그중 용통이라고 불리는 음통은 종의 가장 윗부분의 대롱 모양의 관을 말해요. 이것은 범종의 음향 조절의 기능을 고려하여 만들어졌다고 해요. 우리나라 범종에서만 볼 수 있는 독특한 양식이에요.

종을 매다는 부분을 용뉴라고 하는데, 용뉴는 용머리와 휘어진 목으로 구성되어 있어요. 일본과 중국의 범종은 하나의 몸체로 이어진 쌍룡인데, 우리나라의 범종은 한 마리의 용으로 구성되어 있다고 해요. 또한 서양의 종은 종 안에 추를 매달고 종 전체를 흔들어 소리를 내지만, 범종은 당좌 부분을 당목으로 쳐서 그 울림으로 소리를 내게 하는 독특한 형태를 가지고 있어요.

종은 어떻게 만들어질까요?

웅장한 범종은 어떻게 만들어질까요? 범종은 밀랍주조법이라고 하는 방법을 이용해 만들어요. 먼저 만들려는 범종의 모양과 똑같은 밀랍 모형을 만들고 모형 주변에 열에 강한 주물사를 붙인 뒤 열을 가해 내부의 밀랍을 녹여 없애요. 마지막으로 밀랍이 있던 빈 공간에 쇳물을 부어 식힌 후 주물사를 떼어내면 범종이 완성되어요. 제2전시실에는 범종이 만들어지는 과정이 영상으로 잘 표현되어 있어요.

범종은 구리를 주요 재료로 하여 여기에 몇 가지 물질을 섞어서 만들어요. 옛날 우리나라에서 생산된 구리는 질이 좋기로 유명하였어요. 또 고려에서 생산되는 구리는 '고려동'이라고 불리는데, "고려사"에는 후주가 비단 수철 필을 가지고 와서 고려동과 교역하였다는 기록이 보여요. 또 조선 시대 사신으로 온 명나라 동월이 조선 풍토에 관해 쓴 "조선부"에는 조선의 구리가 가장 단단하고 붉다라는 기록이 있어요. 이러한 우수성이 입증되어 주변국에 수출까지 하였다고 해요.

구리로 만든 합금: 동(銅)

구리는 다른 금속들과 함께 녹여 더 단단하고 아름다운 금속을 만들 수 있어요. 이처럼 여러 종류의 금속을 함께 녹여 만든 금속을 합금이라고 해요. 구리로 만든 합금에는 무엇이 있을까요?

함께 녹이는 금속	합금의 이름	합금의 이용
구리 + 주석	청동	장식품, 기계 등
구리 + 아연	황동	장식품, 전선 등
구리 + 니켈	백동	화폐, 탄약 등

구리는 이외에도 다른 금속들과 합금을 통해 다양한 성질을 갖는 금속을 만들 수 있어요. 또한 같은 합금이라도 구리에 섞어 주는 다른 금속의 비율에 따라 그 성질과 색을 다르게 만들 수 있어 다양하게 사용할 수 있어요.

우리가 전시실에서 본 종들은 대부분 구리에 10퍼센트 내외의 주석을 섞어 만든 청동으로 되어 있고, 종에 따라 납과 아연이 조금 섞여 있는 경우도 있어요.

종소리에 담긴 과학

성덕대왕신종 음통

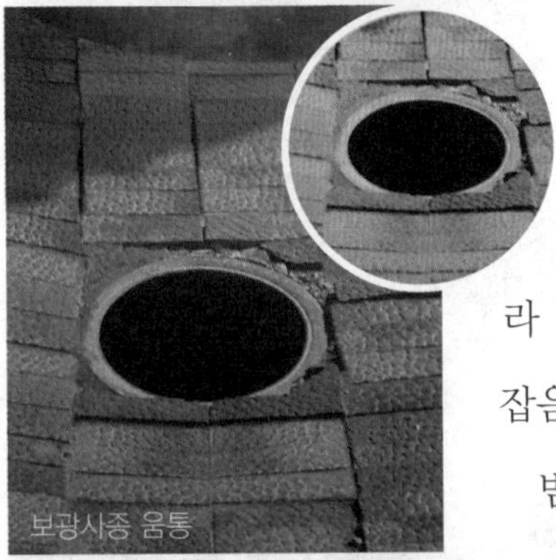

보광사종 움통

상원사종 당좌

범종에서 가장 중요한 것은 무엇일까요? 웅장하고 아름다운 종소리가 종의 핵심이에요. 좋은 종소리는 잡음이 없는 맑은 소리예요. 또 종의 여운이 길어야 하고, 뚜렷한 맥놀이가 있어야 좋은 소리라고 할 수 있어요. 좋은 종소리의 요소를 살리려면 어떻게 해야 할까요?

음통은 범종 윗부분에 달린 대롱 형태로 내부가 비어 있고, 아래쪽이 종 내부와 연결되어 있어요. 이것은 우리나라 범종에서만 볼 수 있는 독특한 특징으로 잡음을 제거하는 역할을 해요.

범종의 아래쪽에는 땅을 파두거나 큰 독을 묻어두는 경우가 있는데 이것을 움통이라고 해요. 움통은 바닥으로 내려오는 종소리가 메아리 현상을 통해 다시 범종 안으로 반사되어 여운이 길어지게 하는 역할을 해요.

또한 범종은 종을 치는 위치에 따라 소리의 크기가 달라져요. 일반적으로는 범종의 아래에서 위로 올라갈수록 종을 쳤을 때 소리가 점점 작아져요. 그래서 어느 곳을 쳐야 가장 좋은 소리가 나는지를 표시해 두었으며, 이 표시된 부분을 당좌라고 해요.

종을 울려라!

제3전시실에 있는 세계의 종까지 모두 둘러보고 밖으로 나오면 타종 체험장이 있어요. 이곳에서는 성덕대왕신종과 상원사종의 복제품을 직접 타종해 볼 수 있어요. 이것은 우리나라의 중요 무형문화재인 원광식 님이 수년간 심혈을 기울여 만든 범종이에요.

종소리에 담긴 과학을 기억하며 타종을 해 볼까요? 먼저 종을 치기 전에 범종의 구조와 형태를 감상하고, 당좌도 확인해 보세요. 그리고 범종 아래의 움통도 확인하세요.

이제 경건한 마음으로 타종을 하고, 그 소리와 여운을 감상해 보세요. 알수록 많이 보이는 것처럼 알수록 많이 들린다! 종소리가 더 아름답게 들리지 않나요? 아름다운 종소리에 여행의 피로도 싹 가시는 느낌을 받을 수 있을 거예요.

진천 종박물관은 진천 역사테마공원 내에 위치해 있어 주변의 볼거리와 즐길거리가 매우 풍부해요.
판화의 역사와 문화를 체험할 수 있는 생거판화미술관도 있고 무형문화재 원광식 선생님과 주조 체험을 할 수 있는 주철장전수교육관도 있어요.

진천 종박물관
전시해설예약: 043-539-3847, 3625

생거판화미술관
전시해설예약: 043-539-3607~9

주철장전수교육관
중학생 이상 신청 가능

잘 다녀왔어요

우리 주변의 다양한 종들을 떠올려보고, 나만의 종을 그려 보세요. 그리고 종의 재료와 소리를 상상하여 그 특징을 써 보세요.

- 나만의 종

- 특징

우리 친구들은 어떤 김치를 좋아하나요? 갓 담은 겉절이부터 배추김치, 부추김치, 열무김치, 김장김치까지 김치의 종류만큼 김치를 좋아하는 사람들의 맛 취향도 다양해요.

또 김치전, 김치찌개, 김치볶음밥, 두부김치, 묵은지 갈비찜 등 김치로 할 수 있는 요리도 매우 많아요. 생각만 해도 침이 고이죠?

라면이나 삼겹살, 갓 지은 흰 쌀밥에도 김치가 있어야 제맛이에요. 우리나라 사람들의 입맛에 가장 잘 맞는 건강식이 바로 김치에요. 요즘에는 우리나라뿐만 아니라 세계적으로도 명성을 떨치고 있어요.

'아는 만큼 맛있다!' 이번 여행을 통해 김치의 모든 것을 속속들이 들여다볼까요? 이번 여행의 목적지는 바로 서울 종로구 인사동에 있는 '뮤지엄김치간'이에요.

김치는 과학이다

뮤지엄김치간 속으로

김치에 과학이 숨어 있다고?

김치에는 비타민과 섬유질뿐만 아니라 소화를 돕는 유산균이 풍부해요. 게다가 최근 연구에서 암세포가 자라는 것까지 막아 준다고 밝혀졌어요. 미국의 건강전문잡지 'the HEALTH'는 김치를 '세계 5대 건강식품'으로 선정하였어요. 맛뿐만 아니라 효능까지 우수한 김치에는 어떤 비밀이 숨겨져 있을까요? 김치가 가지고 있는 비밀을 과학적으로 살펴볼까요?

김치의 건강 비밀은 발효를 돕는 유산균에 있어요. 김치에는 우리

"난 김치에
들어 있는 유산균,
락토바실루스야!"

몸에 유익한 유산균이 있어서 우리 몸을 건강하게 만들어 준다고 해요. 바로 락토바실루스라는 유산균이에요.

배추를 소금에 절이면 부패를 일으키는 나쁜 미생물들은 그 환경에서 살 수 없어 모두 달아나요. 그리고 함께 넣어 주는 무와 젓갈, 마늘, 고춧가루 등의 양념들이 유산균이 잘 자랄 수 있는 환경을 만들어 주어요.

유산균은 온도가 낮을수록, 산소가 적을수록 더 잘 자라요. 낮은 온도의 김치 냉장고에 김치를 넣어 두는 것도 이 때문이에요. 참! 김치냉장고가 없던 시절에는 김장김치를 김장독에 넣고 땅속에 묻어 낮은 온도를 유지하고 산소를 차단하는 방법을 사용하였어요.

김치에 담긴 과학은 뮤지엄김치간 4층에 마련된 과학자의 방에서 알아볼 수 있어요. 단순한 전시 형태가 아닌 그림자를 이용한 새로운 터치 방식의 체험 전시 형태로 마련되어 있어서 매우 재미있어요.

과학자의 방에서는 전자 현미경으로 김치에 포함된 7종류의 유산균을 직접 눈으로 볼 수도 있어요. 또 김치에 담긴 과학 원리를 발효의 비밀, 과학자들이 밝혀낸 유산균의 정체, 김치 유산균의 자기소개의 세 가지 주제로 설명하고 있어요.

'아삭아삭' 김치 로드(Kimchi Road)로 통하는 김치의 세계화

김치의 역사는 언제부터일까요? 중국에서는 김치의 원형인 채소 절임에 대한 약 3천 년 전의 기록이 남아 있어요. 우리나라에서는 삼국사기에서 김치류의 기록을 찾아볼 수 있는데 채소를 절일 때 식초 등의 재료를 쓰는 중국과는 달리 소금이나 장에 절이는 단순한 형태의 김치라고 소개하고 있어요. 따라서 중국의 것을 따라 한 것이 아닌 우리만의 독자적인 김치 문화를 만들어 왔음을 알 수 있어요. 우리가 흔히 먹는 통배추김치는 조선 후기 이후에 나타났다고 해요.

4층 김치마당에서는 김치의 역사를 한눈에 볼 수 있게 도표와 문헌으로 정리되어 있어요.

4층에서 5층으로 올라가는 계단은 '김치 로드'라고 이름 붙여져 있는데, 한 걸음 한 걸음 계단을 오를 때마다 '아삭아삭' 잘 익은 김치를 맛있게 씹는 소리가 들려요. '아삭아삭' 소리를 들으니 허기가 지면서 김치를 먹고 싶은 생각이 더 강해지네요.

발효와 부패는 뭐가 다른가요?

발효와 부패의 차이를 알고 있나요?
부패는 싱싱한 생선이나 고기 따위가 미생물의 작용 때문에 악취를 내며 분해되는 현상이에요. 그 결과물은 우리에게 직접적, 간접적으로 해를 입히기도 해요.
발효는 부패와 같이 미생물의 작용으로 일어나는 현상이지만, 부패와 달리 유산균 등 우리의 생활에 유용하게 사용되는 미생물이 만들어져요.

주소 서울특별시 종로구 인사동길 35-4, 4~6층

관람안내 10:00~18:00(마지막 입장 17:30)

휴관일 매주 월요일, 신정, 설 · 추석 연휴, 크리스마스

관람료 성인 5,000원, 청소년 3,000원, 어린이 2,000원, 단체할인

문의 02-6002-6456

준비물 사진기, 편한 옷차림, 필기도구

☆ 도슨트 해설은 정해진 시간에 1명만 참여해도 진행해요. (1일 1회, 15:00)

☆ 사전예약이 필요한 체험이 있으니 홈페이지를 통해 꼭 예약을 해 주세요.

김치 로드를 따라 올라가면 김치 요리로 유명한 해외 식당들과 세계김치사진전을 통해 김치의 세계화를 느낄 수 있어요.

뮤지엄 김치관? 뮤지엄 김치간?

옛날에는 반찬을 만드는 곳을 찬간(間), 임금의 식사를 준비하는 곳을 수라간(間), 양식을 보관하는 곳을 곳간(間)이라고 하였어요. 여기에서 '-간(間)'이라는 말은 공간적인 의미를 담고 있어요.

뮤지엄김치간도 김치의 다채로운 면모와 사연이 흥미롭게 간직된 곳, 김치를 느끼고, 즐기고, 체험하는 공간이 되겠다는 다짐을 담아 '김치관'이 아닌 '김치간(間)'으로 이름을 지었다고 해요.

건강하고 맛있는 김치의 세계를 세계인에게 자랑하고 싶은 마음이 드는 소중하고 알찬 과학 여행이 될 거예요.

뮤지엄김치간에는 전문가의 전시해설이 준비되어 있어요. 그리고 다양한 체험 활동이 준비되어 있으니 미리 예약하고 방문하면 훨씬 알찬 여행이 될 거예요.

김치탐험대

- 전문 도슨트의 전시 설명과 함께 활동지를 풀어 보며 김치를 더 깊이 이해할 수 있는 전시 심화 프로그램
- **시간**: 매주 화~일요일 (월별 진행 일정이 다르므로 홈페이지 확인 후 예약)
- **인원**: 최소 5명 ~ 최대 15명
- **참가비**: 5,000원

통배추김치 또는 백김치 체험

- 사전 선착순 예약(온라인), 외국인만 체험 가능
- **시간**: 매주 수, 목, 토요일 14:20~15:00(소요시간 40분)
- **인원**: 최소 5명 ~ 최대 30명
- **참가비**: 20,000원

하루김치 체험

- 선착순 예약(온라인&현장)
- **시간**: 매주 토, 일요일 14:00~15:00 (소요시간 약 20분) (사전 단체예약에 따라 달라질 수 있으므로 홈페이지 확인 후 예약)
- **인원**: 20명
- **참가비**: 6,000원

잘 다녀왔어요

다음 그림은 지역별 김치 맛을 한눈에 비교할 수 있게 만든 '김치 맛 지도'로, 20일 숙성 후 평가한 것이에요.

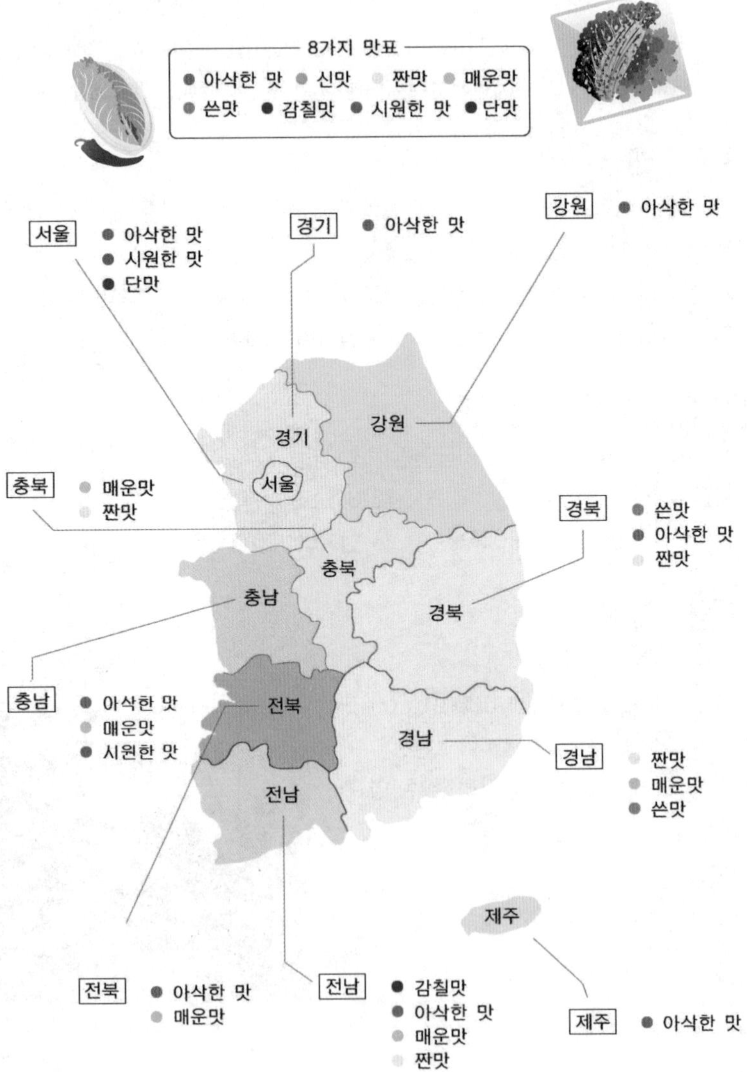

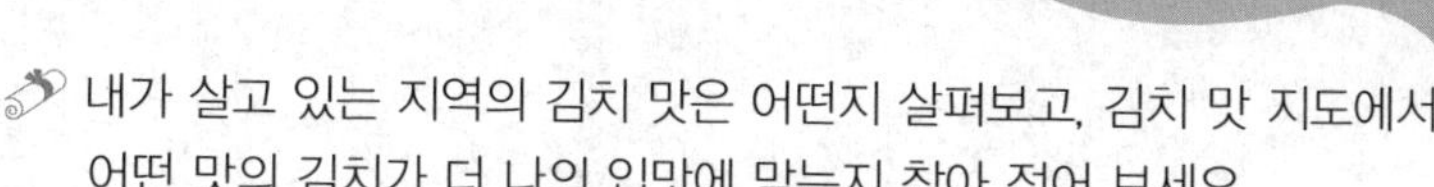

내가 살고 있는 지역의 김치 맛은 어떤지 살펴보고, 김치 맛 지도에서 어떤 맛의 김치가 더 나의 입맛에 맞는지 찾아 적어 보세요.

우리 집의 김치 맛은 어떤가요? 우리 집의 김치맛 지도를 그려 보세요.

1380년 8월에 왜구(옛 일본)가 500여 척의 전함을 이끌고 전라도 진포(현 충청남도 서천)로 쳐들어왔어요. 그러자 고려 조정에서는 최무선을 부원수로 임명하여 왜구를 막도록 하였어요.

당시에 고려의 수군은 100척에 불과하였어요. 왜선과 비교하면 5분의 1밖에 안 되는 적은 숫자였죠. 하지만 최무선은 위풍당당하게 이들을 이끌고 출정하였어요. 왜군은 군선과 군선을 연결하여 거대한 해상기지를 형성하고 위협적인 전세를 펼쳤어요.

과연 최무선은 왜구를 물리쳤을까요?

화약의 힘으로 적군을 물리쳐라!

INFO

주소 경상북도 영천시 금호읍 창산길 100-29

관람안내 10:00~17:00

휴관일 매주 월요일(월요일이 공휴일이면 그다음 평일), 1월 1일, 설날, 추석 당일

관람료 무료(20명 이상 단체관람은 사전예약)

문의 054-331-7096

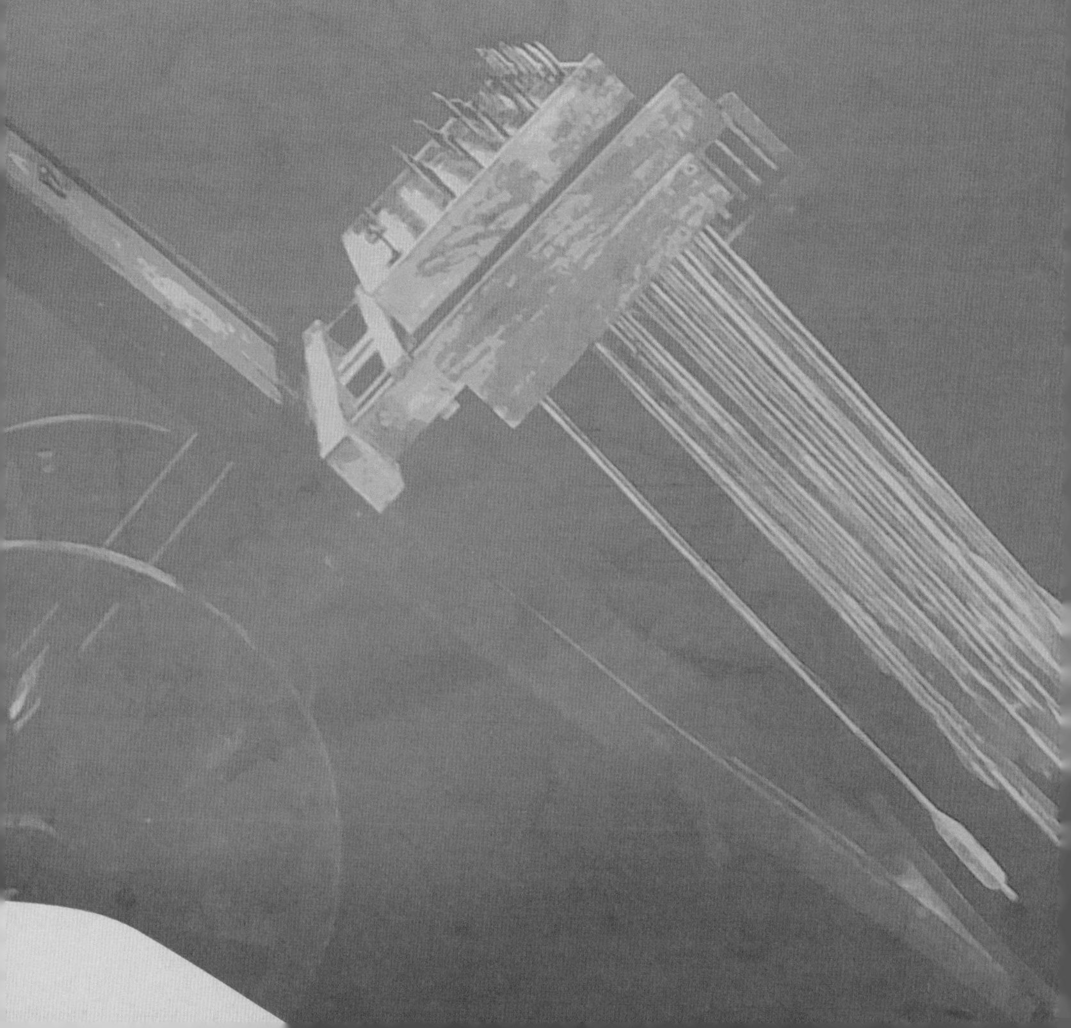

과학관 속으로

과학관이야? 무기 진열관이야?

파란 하늘이 정말 예쁜 날, 과학관 나들이는 신나는 소풍처럼 느껴져요. 그런데 이곳에 도착하자마자 우리를 반기는 것은 엄청난 크기의 무시무시한 탱크들이에요. 탱크뿐만 아니라 헬리콥터, 미사일, 전투기까지 볼 수 있어요. 이렇게 무시무시한 무기가 있는 곳은 어디일까요? 바로 경상북도 영천에 있는 최무선과학관이에요.

과학관 광장에 들어서면 야외 전시관이 있는데, 이곳에는 무기들이 진열되어 있어요. 이 무기들은 실제 군대에서 사용하다가 이곳으로 옮겨 온 것이라고 해요. 육군 M-48전차, 해병대 LVT-P7A1 상륙장갑차, 공군 F-4D 팬텀기, 나이키유도탄 등 다양한 무기를 볼 수 있어요. 1958년에 생산된 육군 M-48 전차는 2007년까지 우리 군의 주력 전차로 쓰였다고 해요. 이 전차는 무게가 무려 44톤이고 최대 18킬로미터의 사정거리를 자랑하는 위협적인 무기예요.

우리 주변에서 흔히 볼 수 없는 무기들을 과학관에서 볼 수 있다는 것이 신기하죠? 이곳에서 무기를 구경하다 보니 과학관을 들어가지도 않았는데, 시간이 금방 지났네요. 정말 신기한 경험을 할 수 있는 시간이었어요.

육·해·공이
다 모였네!

최무선을 알고 있나요?

우리는 왜구와의 해전을 떠올릴 때 가장 먼저 이순신 장군의 해전을 떠올려요. 하지만 이보다 약 200년 앞서 왜구를 격파하는 데 앞장선 명장이 있었다고 해요. 그 장군의 이름이 바로 최무선이에요.

최무선 장군은 어떻게 5배나 많은 왜구의 함대들을 격파할 수 있었을까요?

어렸을 때 최무선은 왜구가 수시로 쳐들어와 백성들을 해치고 재물을 약탈해가는 것을 목격하였어요. 어린 최무선은 그때부터 왜구로부터 나라를 지켜야겠다는 다짐을 하였지요. 그리고 언젠가는 왜구를 무찌를 새로운 무기를 만들어야겠다고 생각하였어요.

어엿한 장군이 된 최무선은 직접 화약을 만들기로 하였어요. 하지만 우리보다 먼저 화약을 개발한 원나

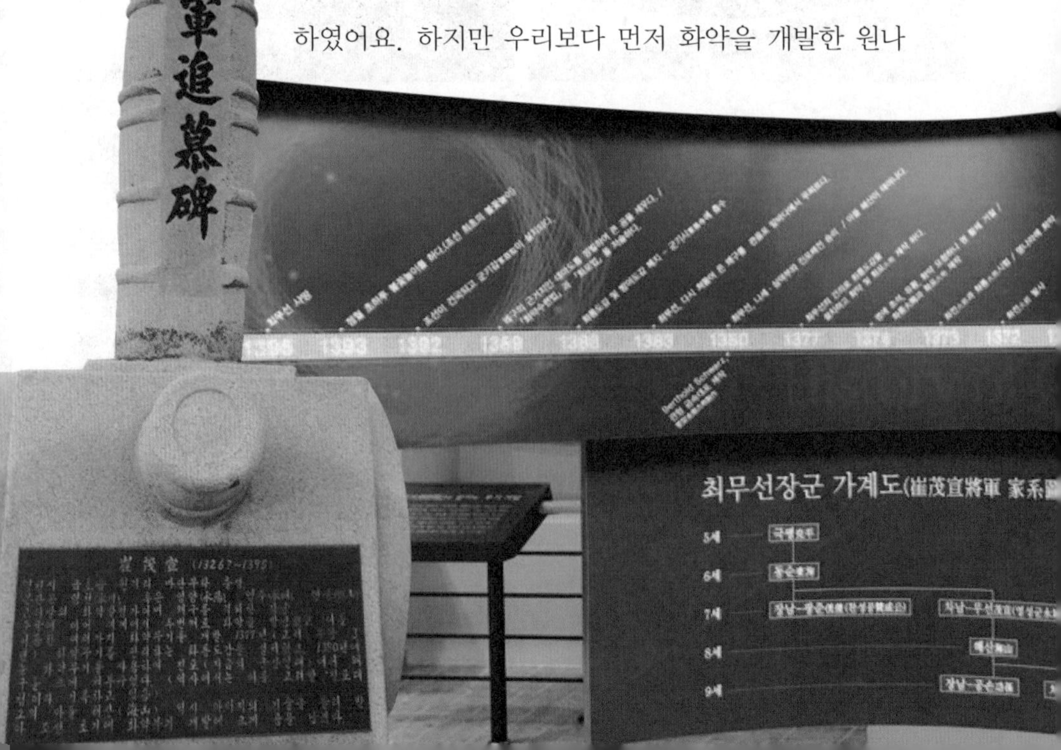

라(옛 중국)가 그 비법을 600년 동안 알려주지 않고 있었어요. 최무선은 개성에 사는 원나라 사람 이원을 찾아가 화약의 주원료인 염초(초석) 제조 비법을 알려달라고 부탁하였어요. 그러나 이원은 재료만 알려줄 뿐 제조 방법은 알려주지 않았어요.

최무선은 제조 방법을 터득하기 위해 자신의 처소에 직접 실험실을 만들고, 초석, 유황, 숯을 섞은 화약 제조기술을 수십 년에 걸쳐 연구하였어요. 그리고 드디어 1376년에 최고의 효율을 발휘할 수 있는 화약의 황금비율을 찾아냈어요. 이 소식을 들은 고려의 왕은 1377년에 화통도감이라는 기관을 만들어 화약과 이를 이용한 신무기들을 개발하도록 명하였어요.

1380년 왜구가 500여 척의 전선을 이끌고 쳐들어왔을 때, 최무선은 화통도감에서 만든 우수한 화기들을 바탕으로 100여 척의 배로 왜구의 500여 척의 배들을 크게 무찔렀어요. 이 전투를 진포대첩이라고 불러요. 진포대첩은 세계 역사에 있어서도 최초의 함포 전투 중 하나로 인정받고 있어요.

조선 시대까지 이어진 최무선의 의지 - 총통

과학관에 들어서면 가장 먼저 보이는 전시공간이 있어요. 바로 조선 시대의 화약 무기인 총통을 전시한 공간이에요.

우리 선조들은 어떤 무기로 싸웠을까요? 고려 시대 최무선은 화약 제조 방법을 터득한 뒤 화통도감을 설치하여 화포를 비롯한 여러 가지 화약 무기를 만들어 왜구를 막았어요. 그 뒤 조선 시대에는 화약 기술을 발전시켜 총통이라는 화약 무기를 만들었어요. 총통은 크기별로 천자총통, 지자총통, 현자총통, 황자총통 등이 있어요.

저 하늘 높이 날아라!

우리 친구들은 로켓의 뜻을 알고 있나요? 일반적으로 로켓은 우주 공간을 비행할 수 있는 추진기관을 가진 비행체를 말해요. 더 넓

은 의미로는 고온, 고압의 가스를 발생하고 분출시켜 그 반동으로 추진하는 장치까지 포함해요.

주화는 고려 말 최무선이 만든 우리나라 최초의 로켓 무기예요. 화살 앞부분에 종이로 만든 통에 화약을 넣고 점화선에 불을 붙이면, 종이통 속의 화약이 타면서 연소 가스를 뒤로 분출하여 그 힘으로 날아가는 로켓 형태의 무기예요. 주화가 사용된 기록은 조선 왕조 세종에 이르러서야 찾아볼 수 있는데, 금촉주화 → 세주화 → 금촉소주화 → 소주화를 거쳐 소신기전으로 그 이름이 여러 번 바뀌었어요.

신기전은 크기에 따라 소신기전, 중신기전, 대신기전, 산화신기전의 4종류로 나눌 수 있어요. 약 1미터 크기의 소신기전부터 약 5미터 크기의 대신기전까지 전장의 형태와 용도에 따라 다양한 신기전을 활용했다고 해요.

산화신기전은 '불을 흩뜨리는 신기전'이라는 뜻으로 세계 최초의 2단 로켓으로 알려져 있어요. 대신기전과 크기는 거의 같으나 발화통을 변형하여 약통의 윗부분을 비워놓고 그곳에 지화통을 소발화통과 묶어 2단 로켓의 형태로 활용하였어요.

산화신기전을 발사하면 포물선을 그리며 약 500미터를 날아가고 일정 시간이 지나면 지화통이 점화되어 소발화통이라는 폭탄과 함께 적진에서 폭발한다고 해요.

신기전은 조선 초기에 압록강 부근까지 국경을 넓히는 데 사용되었으며 1451년 문종 때까지도 국경뿐만 아니라 전국적으로 배치되어 사용되었다고 해요.

초석과 화약의 황금비율

최무선 장군은 화약을 만들 때 초석, 유황, 숯 3가지의 원료를 사용했는데 이 중 초석이 가장 중요한 원료로서 만들기도 어렵고 기간도 오래 걸렸어요.

초석을 만들기 위해 부뚜막 및 마룻바닥 등의 흙에 사람의 오줌과 재를 섞은 뒤 말똥을 쌓아 거적을 덮고 1년 정도 썩게 하여 만들었다고 해요.

최무선 장군이 수십 년에 걸쳐 연구한 화약 제조의 황금 비율은 다음과 같아요.

초석(질산칼륨) : 유황(황) : 숯(탄소) = 7 : 2 : 1

이 정도의 비율로 섞었을 때 화약은 최고의 화력을 발휘한다고 해요. 화약의 세 가지 주원료는 각각 다음과 같은 역할을 해요.

· 초석(질산 칼륨): 산소를 공급해요.
· 유황(황): 낮은 온도에서 발화·폭발 반응을 증가시켜요.
· 숯(탄소): 탈 물질을 제공해요.

어린이 체험실의 화약 만들기 체험

최무선의 과학적 탐구 과정 - 어린이 체험실

최무선 과학관에서는 최무선 장군과 그의 아들이 개발한 무기 과학 기술의 발전 과정을 살펴볼 수 있어요. 또 역사 속에서 우리 선조들이 어떤 무기로 싸웠고, 얼마나 용맹했는지 간접적으로나마 경험할 수 있도록 꾸며져 있어요.

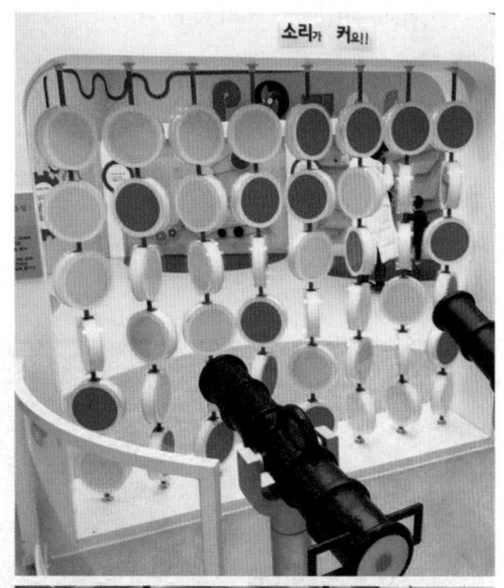

먼저 최무선 과학관 1층에는 최무선 장군이 화약과 화포를 개발하던 과정을 체험해 볼 수 있는 어린이 체험실이 마련되어 있어요. 최무선의 화약 제조 과정, 화포 개발 과정, 왜구의 전선과 고려 전선의 차이점을 체험해 보는 과정을 통해 당시의 상황을 조금이나마 경험할 수 있어요. 또 대포 모형과 공을 이용해 직접 화포의 성능을 체험하고 비교할 수도 있어요.

우리나라를 빛낸 과학자들

어린이 체험실을 나와서 2층 전시관으로 가는 길에는 우리나라를 빛낸 28명의 과학자들을 만날 수 있어요.

수많은 과학자 중에서 내가 알고 있는 과학자는 누가 있는지 살펴볼까요? 옛날부터 오늘날까지 우리나라의 과학 발전을 위해 열심히 노력한 과학자들의 업적을 찬찬히 읽어 보세요. 29번째 과학자는 누가 될까요? 바로 나 아닐까요?

다양한 과학문화를 체험할 수 있는 영상체험관!

최무선과학관을 나와 옆으로 가다 보면 멋있는 건물이 보이는데, 바로 '최무선 영상체험관'이에요.

이곳에서는 화약을 제조하는 VR 체험공간과 수군복식 체험, 수군 훈련 체험, 진포대첩을 4D로 경험할 수 있는 4D 어트랙션 라이드 등 다양한 과학문화 콘텐츠를 즐길 수 있는 공간이에요.

최무선과학관과 함께 최무선 영상체험관을 다녀오면 최무선 장군처럼 나라를 사랑하는 마음을 느낄 수 있을 거예요.

최무선과학관에서는 여러 가지 과학체험 프로그램을 즐길 수 있어요. 모두 무료로 진행되므로 홈페이지를 통해 원하는 프로그램 일정에 맞춰 방문하면 알찬 여행이 될 거예요.

과학 체험실

체험실	내용	체험
전통과학 체험실	전통과 현대의 불꽃놀이를 연출하거나 화포와 조총을 체험할 수 있는 공간	– 불꽃놀이체험 – 화포체험
창의과학 체험실	기하와 입체교구로 창의력과 문제해결력을 향상할 수 있는 체험공간	– 창의과학교실! – 과학아 놀자!
뚝딱뚝딱블록 체험실	블록 놀이 공간을 마련하여 공간 개념과 측정을 하는 자유로운 상상 표현 공간	– 블록 놀이

창의과학 체험실 예약: 현장접수(선착순)

전시해설 안내

구분	일시	시간
전시해설 프로그램	평일, 공휴일	11:00 ~ 16:30 ~

내용: 최무선 장군과 떠나는 화약 여행 순회 해설
예약: 홈페이지 신청자 우선 진행, 현장접수도 가능(10명 이상)

우리나라를 빛낸 28명의 과학자에서 만약 내가 우리나라를 빛낸 29번째 과학자가 된다면 어떤 업적을 이루었을지 상상하면서 미래의 업적과 마음가짐을 써 보세요.

- 미래의 업적

- 과학자로서의 마음가짐

04

과학과 우리의 마음이 만나는 곳에서 노래해요

인류는 오래전부터 삶의 편리를 위해 다양한 도구들을 활용해서 에너지를 만들어 사용해왔어요. 2차 산업시대를 열어준 전기 에너지의 생산과 이용은 삶에 혁신적인 변화를 일으켰죠. 하지만 화석 연료의 사용으로 환경오염과 자원 고갈이라는 문제를 낳기도 하였어요. 오늘날은 보다 친환경적인 에너지를 만들고 사용하기 위해 다양한 노력들을 하고 있어요. 함께 살펴볼까요?

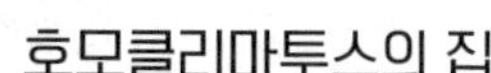

호모클리마투스의 집

- 서울에너지드림센터

무시무시한 번개를 체험하라고?

- 번개과학관

에디슨의 선물

- 참소리 축음기&에디슨 과학 박물관

서울에너지드림센터

호모클리마투스의 집

호모클리마투스에 대해 들어본 적이 있나요? 호모클리마투스는 기후 변화와 이상 기후에 대응해서 삶의 방식에 다양한 변화를 주는 인간을 뜻해요. 오존층 파괴를 줄이기 위해 탄소 배출량을 줄이는 노력을 하거나, 에너지를 절약하기 위해 집에 태양광을 설치하는 등의 노력을 기울이며 기후를 예측하고 적극적으로 대응하는 인간이에요.

우리 친구들도 지구를 위해 노력하는 것이 있나요? 서울에너지드림센터를 찾아 호모클리마투스가 되어 보아요.

INFO

주소 서울특별시 마포구 증산로14

관람안내 09:30~18:30(마지막 입장 18:30)

휴관일 매주 월요일, 신정, 설·추석 연휴, 12월 12일 개관기념일

관람료 무료 입장, 관람(일부 체험프로그램 재료비 발생)

문의 02-3151-0562

준비물 사진기, 편한 옷차림, 필기도구

☆ 도슨트 해설은 정해진 시간에 진행되며, 홈페이지를 통해 2일 전까지 사전예약을 해야 해요.

☆ 일회용 컵과 음료는 반입할 수 없어요.

☆ 사전예약이 필요한 체험이 있으니 홈페이지를 통해 꼭 예약을 해 주세요.

에너지드림센터 속으로!

호모클리마투스의 집

서울에너지드림센터는 호모클리마투스의 노력과 기술이 모여 있는 국내 최초의 에너지 자립 공공건축물이에요.

이곳은 서울시 상암동 평화의 공원 내에 위치해 있는데, 평화의 공원이 자리한 난지도는 과거에 쓰레기 매립지였다고 해요. 오늘날 난지도는 평화의 공원, 하늘 공원, 노을 공원으로 탈바꿈하여 많은 사람들이 찾고 있는 환경 공원이에요.

서울에너지드림센터는 멀리서 보면 바람개비처럼 생겼어요. 그래서인지 주변의 나무들과 어우러져 신선한 바람이 불어오는 것만 같아요. 이곳은 바람개비 형태의 반사벽 덕분에 한 여름에도 직사광선의 60퍼센트를 반사시켜 에너지를 절약할 수 있다고 해요. 또한 경

사진 창문은 여름에는 햇빛이 적게, 겨울에는 햇빛이 많이 들어올 수 있도록 설계되어 있어요. 건물 옥상에는 태양광발전 시스템이 설치되어 있어요.

이쯤 되면 서울에너지드림센터를 호모클리마투스의 집이라고 불러도 되겠죠? 서울에너지드림센터에서는 이러한 기술 덕분에 에너지 사용량의 70퍼센트를 줄일 수 있으며, 30퍼센트는 직접 에너지를 만들어 사용한다고 해요. 내부에는 어떤 기술들이 있는지 한번 들어가 볼까요?

인류를 위한 선물, 에너지

우리 주변에 에너지가 사용되고 있는 것을 찾아보세요. 밝은 빛을 내는 전구와 우리가 자주 사용하는 휴대전화, 컴퓨터, 그리고 냉장고와 선풍기 등 거의 모든 제품에 에너지가 필요해요. 또 자동차와 기차 등도 에너지가 있어야 움직여요. 우리 주변의 거의 모든 것이 에너지로 움직인다고 해도 될 정도예요.

어느 날 갑자기 에너지가 없어진다면 우리 생활은 어떻게 될까요? 아마 원시 시대처럼 돌아갈지도 몰라요. 이렇게 소중한 에너지는 어떻게 발전하여 지금에 이르렀을까요?

로비를 지나 전시관 안으로 들어서면 인류의 역사 발전 과정에 따른 에너지의 변천사를 볼 수 있어요. 과거에는 에너지를 만들기 위해 나무나 석탄 등을 이용한 화석 연료를 사용했다고 해요. 그런데 에너지 사용이 늘어나면서 점차 화석 연료가 고갈되고 환경에도 안 좋은 문제점들이 발생하게 되었어요. 그래서 오늘날에는 이를 해결하기 위해 다양한 신재생 에너지 기술들이 발전하고 있어요. 이곳에서 여러 가지 신재생 에너지 기술을 체험을 볼까요?

자연에서 얻는 에너지

먼저 수력 발전으로 에너지를 얻는 과정을 체험해 보아요.

이곳에서는 높이가 서로 다른 댐 모형 앞에 위치한 펌프를 움직여서 수력 발전을 작동해 볼 수 있어요. 과연 어떤 댐이 가장 많은 전기를 생산해 낼까요? 수력 에너지는 물의 높이 차이를 이용하여 에너지를 얻는 방법으로, 높이 차가 클수록 만들어 낼 수 있는 에너지의 양도 많아지는 것을 확인할 수 있어요. 소수력은 들어 봤나요? 소수력은 작은 양의 물의 힘을 이용하여 에너지를 얻는 방법이에요. 요즘에는 빌딩 내에서도 이 원리를 적용하여 자체적으로 전기를 생산하기도 해요.

옆으로 이동하면 비행기 날개 밑면에 태양광판이 부착되어 있는 것을 볼 수 있어요. 자리에 앉아 거울판을 상하좌우로 움직여 보세요. 비행기 날개에 부착된 태양전지에 빛을 쪼였더니 비행기가 움직이네요! 이렇게 태양광 발전은 빛에너지를 이용해 전기를 만들어 낼

펌프를 움직여 수력
발전을 통한 에너지를
확인할 수 있어요
태양전지에 빛을
쪼였더니 비행기
날개가 움직여요
바람을 이용해
에너지를 만들어요

오늘은 나도 과학 선생님!

태양광과 태양열은 어떻게 다른가요?

태양광과 태양열의 차이를 알고 있나요?

태양광 에너지는 태양에서 오는 빛에너지를 광전효과를 이용해 전기 에너지로 변환시키는 방식이에요.

태양열에너지는 태양에서 오는 열에너지로 물을 끓여 터빈을 돌려 전기 에너지로 변환시키는 방식이에요.

수 있어요.

이제 바람을 이용하여 어떻게 에너지를 얻는지 알아볼까요? 풍력 발전은 바람을 회전하여 에너지를 얻는 방법으로, 바람이 많은 지역에 설치하여 이용해요.

이와 같이 우리 주변에서 흔히 볼 수 있는 물, 바람, 태양과 같은 자연이 주는 선물들로 에너지를 만들어 내는 것을 재생 에너지라고 해요.

그럼 신에너지는 무엇일까요? 옆으로 이동하면 수소 에너지 전시물이 보이는데, 바로 수소 에너지가 신에너지에요. 수소의 성질을 이용하여 에너지를 얻는 것이에요. 신에너지에는 수소 에너지뿐만 아니라 연료 전지, 석탄의 메테인 가스를 이용하여 얻는 에너지도 있어요. 이곳에서는 전기버스와 수소 버스를 타고 투어할 수 있는 프로그램도 마련되어 있어요.

참! 사람도 에너지를 만들 수 있다는 것을 알고 있나요? 우리나라 국민 전체가 동시에 자전거 페달을 돌린다면 에너지를 얼마나 만들 수 있을까요? 이곳에서는 직접 자전거 페달을 밟으며 에너지가 얼마나 발생하는지 체험해 볼 수 있어요.

호모클리마투스 집의 비밀

에너지를 생산하는 방식을 알아보았다면, 이제 에너지를 효율적으로 쓰는 기술들을 알아볼까요?

서울에너지드림센터에서는 앞의 전시물에서 만난 신·재생 에너지 중 지열 에너지와 태양광 에너지를 사용해서 에너지를 생산하고 있어요. 이곳에서는 에너지 소비를 최소화하는 패시브 기술을 적용하고 있는데, 블라인드 설치도 한 방법이에요. 이곳에는 특이하게 블라인드가 창문 밖, 즉 외부에 설치되어 있어요. 그래서 여름에는 건물 밖에서 들어오는 태양 에너지를 차단하는 동시에 일사량에 따라서 자동으로 블라인드가 열리고 닫힌다고 해요. 건물 내부에 블라인드가 있을 때와 외부에 있을 때의 열에너지 투과율 차이를 열화상 카메라를 통해 확인할 수 있어요.

이 외에도 고효율 단열 시스템, 삼중 유리 창호 시스템, 폐열회수 환기 시스템 등 다양한 기술들을 살펴볼 수 있어요. 서울에너지드림센터의 마지막 구역에서는 블랙아웃이 일어났을 때를 미리 경험해 볼 수 있게 꾸며져 있어요. 암흑 세상을 통해 에너지의 소중함을 알고 생활 속에서 에너지 절약에 참여하는 것이 얼마나 중요한 일이지 느낄 수 있어요.

또 생활 속 에너지 절약을 실천할 수 있도록 '약속해요'라는 포토존이 설치되어 있으니 전시회를 다 둘러본 후 에너지 절약에 대한 자신의 다짐을 방명록에 기록해 보세요.

현재 지구에서 벌어지고 있는 에너지 문제와 이를 해결하기 위한 지구 공동체와 나의 노력에 대해서 생각해 볼 수 있는 좋은 하루가 될 거예요.

서울에너지드림센터에서는 대부분의 교육과 체험프로그램을 무료로 운영하고 있어요. 홈페이지를 이용해 미리 예약하고 가면 더 알찬 여행이 될 거예요. 에너지드림센터에서 운영하고 있는 다양한 프로그램 중에 가장 인기가 많은 투어 프로그램을 소개할게요.

에코 투어

서울에너지드림센터의 1층 에너지 전시관 해설 후 친환경버스를 타고 월드컵 공원과 공원 안에 있는 상암수소스테이션, 마포자원회수시설, 노을연료전지발전소를 투어하는 프로그램이에요.

- **시간:** 3월~11월: 화~금 오후 2시, 12월~2월: 화~금 오전 10시, 오후 2시(120분 소요)
- **대상:** 유아(만 5세 이상), 전 연령
- **인원:** 1회 총 48명(전기버스 22명, 수소버스 26명) • **참가비 :** 무료

그림자극

어려운 에너지에 대해서 쉽고 재미있게, 자연의 이야기에 공감하게 도와주는 그림자극은 유아를 위한 미니공연 형식으로 진행되고 있어요.

- **시간**: 화, 수, 목 오전 10시 40분 (전시해설 포함 50분)
- **대상**: 유아
- **인원**: 최대 60명 • **참가비**: 무료

지구 환경을 생각하는 에너지 사용의 아이디어를 써 보세요.

우르릉 쾅쾅!

강한 비가 내리는 날 천둥소리와 함께 하늘을 가로지르는 번개를 본 적이 있나요? 마치 마블 영화의 천둥의신 '토르'가 눈앞에 나타날 것만 같아요.

천둥 번개는 으스스한 공포영화나 무서운 영화에서 사건이 일어나는 밤의 배경으로 자주 등장해요. 그래서 하늘이 노하여 땅에까지 엄청난 불빛을 내리꽂는 위험한 것 혹은 불길한 자연 현상으로 인식되는 경우가 많아요.

번개과학관

번개와 천둥은 정말 피하고 싶은 것이에요. 그런데 번개를 체험하는 곳이 제주도에 있다고 해요. 제주 여행에서 한번쯤 꼭 방문해 색다르게 과학을 체험할 수 있는 곳! 바로 '번개체험 과학관'이에요. 도대체 어떻게 번개를 체험한다는 걸까요?

번개가 과학이라고?

번개과학관이 있는 제주도 포평동 지역은 뒤로는 한라산이, 앞으로는 제주의 푸른 바다가 보이는 멋진 곳이에요. 또 양옆으로 감귤밭이 펼쳐져 있어 풍요롭고 여유로운 농촌 풍경을 볼 수 있어요. 아침 일찍 길을 나선다면 한라산에서 내려오는 아침 안개와 바다에서 올라오는 물안개가 모여 만드는 신비한 제주를 번개체험과학관 마당에서 경험할 수 있어요.

무시무시하고 엄청난 것으로만 알고 있는 번개! 번개를 체험하는 곳이라니 정말 독특한 곳이죠? 이곳은 말 그대로 과학관이에요. 번개의 과학을 체험하는 곳이죠. 이제 두려움이 없어졌나요?

번개란 무엇일까요? 바로 에너지예요. 구름 속의 수많은 전기를 띤 입자들이 방전을 일으키면서 내는 불꽃이 바로 번개예요. 그 불꽃이 지표면으로 내려오면서 낙뢰가 되는 것이에요.

번개과학관은 번개와 낙뢰가 발생하는 과학적 원리와 실생활에 응용되는 기술들을 친근하게 체험할 수 있는 곳이에요. 그리고 방문객들을 위해서 10분마다 해설사가 전시물과 체험 방법을 친절한 설명과 함께 안내해 주어요.

INFO

주소 제주특별자치도청 서귀포시 토평공단로 78-27
관람시간 09:00~18:00 (성수기 20시까지 운영) (폐관 1시간 전까지 입장)
입장료 성인 9,000원, 청소년 9,000원, 어린이 8,000원
문의 064-733-3500

신기함과 웃음을 체험할 수 있는 곳

제주도의 상징인 핑크돼지가 번개를 맞아 시작된 엉뚱한 옛날이야기가 전시관 입구에서부터 웃음과 호기심을 유발해요.

입장하면 가장 먼저 기다리는 곳은 테슬라 코일관이에요. 어둠 속에서 빛을 발하는 번개를 상징적으로 보여 주는 곳으로, 피아노 모양의 전원 버튼을 누르면 테슬라코일에서 발생하는 작은 번개를 관찰할 수 있어요.

다음은 에너지관이에요. 형광등을 이용해서 정전기로 불을 켤 수도 있고, 자전거를 타면서 발전기에 불을 켤 수도 있어요. 열심히 자전거 페달을 돌릴수록 더 많은 조형물에 불빛이 들어와요. 아기자기한 LED 불빛들의 수가 많아질수록 더 예쁜 포토존을 만들 수 있어 더 빨리 페달을 밟게 되네요. 열심히 노력하는 만큼 멋진 인생샷을 남길 수 있는 기회를 잡을 수 있을 거예요.

구름터널을 지나 머리 쭈뼛쭈뼛 마법사 되어 보기

다음 관람 코스는 번개가 만들어지는 방전의 원리가 적용된 '구름터널'이에요. 언제 번개가 칠까 설레는 기분으로 푸른빛을 띤 구름 모형들이 가득한 터널을 걸어볼 수 있어요. 언제 번개가 내리칠지 모르는 약간의 두려움이 발걸음을 재촉하기도 해요.

터널을 지나면 구름 속 물방울과 다양한 전하를 띤 입자들이 정전기 작용으로 뇌운을 만든다는 설명을 읽어볼 수 있어요.

그 밖에도 구름 생성, 반데그라프, 테슬라 코일에 관한 과학적 원리를 설명해 놓았어요. 이곳은 번개체험관에서 가장 학습적 요소가

집중적으로 배치된 곳이지요. 오늘날 우리가 사용하는 전기적 현상에 대한 이해의 폭을 넓힐 수 있어요.

또한 마법사처럼 머리카락이 위로 솟아오르는 반데그라프 정전기 체험을 하며 즐거운 여행의 추억도 만들어 볼 수 있어요. 단, 머리카락이 정전기가 잘 일어날 수 있는 환경이면 좋아요. 여름보다는 겨울철에 정전기가 잘 일어나는 것처럼, 건조할수록 좋아요. 무서워할 필요는 없어요. 일상생활에서도 정전기는 많이 경험할 수 있는데, 이곳에서는 좀 더 마법사 같은 모습을 만들 수 있어요.

번개 공연도 보고, 콘서트도 관람하고

번개과학관만의 특별한 관람 코스 중에 번개 콘서트와 벼락 맞은 대추나무 공연이 있어요. 공연장 안에는 서로 다른 크기의 거대한 테슬라 코일 여러 개가 우뚝 위용을 뽐내며 서 있어요.

각각의 테슬라 코일에서 만들어지는 번개의 파장과 진폭을 다르게 해서 다양한 높낮이와 세기를 가진 소리를 만들어 낸다고 해요. 그 소리들이 음악이 되는 것이에요. 헤드셋을 쓰고 공연장에서 듣는 번개콘서트는 아주 색다른 체험이 될 거예요.

재미이따아~~~
반데그라프
정전기 체험으로
머리카락이 선 모습

비운의 과학자 테슬라

'전구 발명'하면 가장 먼저 떠오르는 사람은 에디슨일 거예요. 하지만 우리가 수많은 전기제품을 사용할 수 있도록 전기를 일반에 보급한 일등공신은 따로 있어요. 바로 니콜라 테슬라예요.

번개체험관에서 가장 많이 볼 수 있던 테슬라 코일도 테슬라가 밝혀낸 원리로 만들어진 장치예요. 테슬라는 에디슨보다 스무 살 가량 어렸고, 에디슨의 회사에서 일하였어요. 에디슨은 테슬라의 총명함을 알아보고 매우 아꼈다고 해요. 그런데 테슬라가 에디슨의 직류 전기의 문제점을 밝혀내고 비싼 사용료 등에 반대하다가 에디슨에게 미움을 받고 쫓겨났다고 전해져요.

이후 테슬라는 교류전기의 상용화를 위해 연구했고, 오늘날의 전자현미경, 레이다, 무선송신 등 수많은 발명품을 개발했어요. 하지만 이미 명성과 권력을 가진 에디슨의 미움으로 평생 업적을 제대로 평가받지 못하고 가난하게 살았다고 해요.

그래도 후대의 학자들이 자기장의 국제단위로 '테슬라(Tesla)'를 사용하면서 그의 업적을 기념해 주고 있어요.

푸른 바다를 바라보며

옥상에 오르면 다양한 색깔의 나무상자로 만들어진 의자들이 자유롭게 놓여 있는 것을 볼 수 있어요.

의자마다 서로 다른 알파벳들이 적혀 있네요. 의자를 이리저리 굴려보면서 원하는 단어를 만들어 볼 수도 있어요. 사랑하는 가족의 이름 이니셜을 만들 수도 있고, 짧은 소망이나 목표도 표현해 볼 수 있어요. 그리고 상자 의자 위에 앉아 제주의 푸른 바다를 내려다보며, 다음의 여정을 생각해 보거나 지금 이 순간의 소중함에 대해 느껴 볼 수도 있어요.

여유가 된다면, 오늘날 전기 사용으로 편안한 생활을 할 수 있도록 해 준 에디슨과 테슬라를 떠올리고, 둘의 화해와 에너지 절약에 대해 생각해 보는 것은 어떨까요?

번개과학관 홈페이지를 방문하여 여러 가지 체험 프로그램을 신청할 수 있어요. 특히 번개과학관은 국가수련활동 인증기관으로 과학관 시설 체험 외에도 과학기술 정보 및 공작 실습을 포함한 흥미 있는 프로그램을 운영하고 있어요.

체험 프로그램

- 번개과학교실
- 번개로 시작하는 재미있는 과학 여행

번개과학관 도슨트 해설

- 전시해설은 매시간 10분마다 진행돼요. 단, 사전에 전화 문의를 꼭 하고 가세요. 과학관 사정에 의해 변경될 수도 있거든요.

* 실내 체험이기 때문에 우천시에도 관람이 가능해요.
* 과학관 관람객은 카트 체험비 1,000원이 할인된다고 해요.

잘 다녀왔어요

우리 생활에서 번개와 같이 에너지로 작동하는 것은 어떤 것들이 있나요? 에너지가 필요한 것들 세 가지를 써 보고, 에너지가 없다면 우리 생활이 어떻게 될지 적어 보세요.

- 우리 생활에서 에너지가 필요한 것들

- 에너지가 없다면 우리 생활은 어떻게 될까요?

조선 시대의 관동팔경 중 으뜸으로 꼽히는 경포호수의 둘레길을 걷다 보면 참소리축음기·에디슨 박물관과 손성목 영화박물관이 눈에 들어와요.

축음기, 에디슨, 영화… 이들은 어떤 공통점이 있을까요? 소리를 재생하여 들려주는 축음기, 어둠을 밝히는 전구, 영상을 재생하여 보여 주는 영사기 모두 에디슨의 대표적인 발명품이에요. 에디슨의 열정이 우리에게 준 선물인 빛, 소리, 영화의 원리와 역사 속으로 들어가 볼까요?

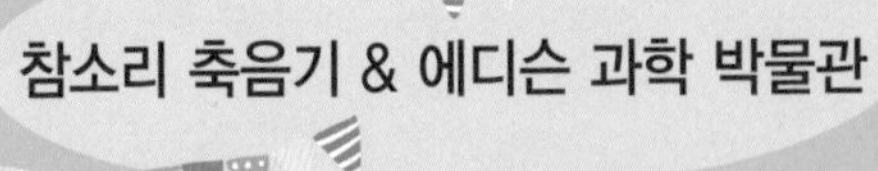

참소리 축음기 & 에디슨 과학 박물관

에디슨의 선물

첫 번째 선물, 소리

참소리 축음기 박물관과 에디슨 과학 박물관은 서로 연결되어 있어서 참소리축음기 박물관 앞 안내데스크에서 표를 사면 두 곳 모두 입장이 가능해요.

본관 1층의 제1전시관으로 들어가 볼까요? 양쪽 가득 채워져 있는 수많은 옛 축음기들을 보면 감탄이 절로 날 거예요. 이곳은 무려 1800년대부터 1900년대까지 100년이 넘는 세계 소리의 역사를 담고 있다고 해요. 이곳은 에디슨이 처음 발명한 축음기뿐만 아니라 그 이후 여러 나라에서 만들어진 초기 형태의 축음기들이 수집, 보관되어 있어요.

이 모든 축음기들은 어떻게 이곳에 자리하게 되었을까요? 놀랍게도 박물관의 손성목 관장님이 직접 전 세계를 돌아다니면서 구한 것들이라고 해요. 개인이 이렇게까지 수많은 전시물을 수집했다는 점이 정말 놀랍고 존경스럽기까지 하네요.

전구로 유명한 에디슨은 사실 전구보다는 축음기를 먼저 만들었다고 해요. 축음기는 소리를 저장했다가

내가 원할 때 재생하여 들을 수 있게 하는 기계예요. 우리가 좋아하는 가수의 음악을 언제 어디서나 다시 재생해 들을 수 있고, 가족의 목소리나 중요한 내용을 녹음할 수 있는 것도 다 에디슨 덕분이에요.

어렸을 때의 사고로 부분적인 청각 장애를 가지고 있어서인지 오랜 시간 에디슨의 머릿속은 '말하는 기계'로 가득 차 있었어요. 1877년 12월에 에디슨은 세계 최초로 소리를 기록해 재생할 수 있는 '틴포일(Tin-Foil)'을 만들었어요. 이것은 가늘고 긴 바늘을 의미하는 틴(Tin)과 원통 위에 감싸져 음반의 역할을 하는 포일(Foil)이 합쳐져 만들어진 최초의 소리 저장 재생 장치예요. 에디슨이 만든 6개의 틴포일 중 5개가 참소리 축음기 박물관에 보관되어 있어요.

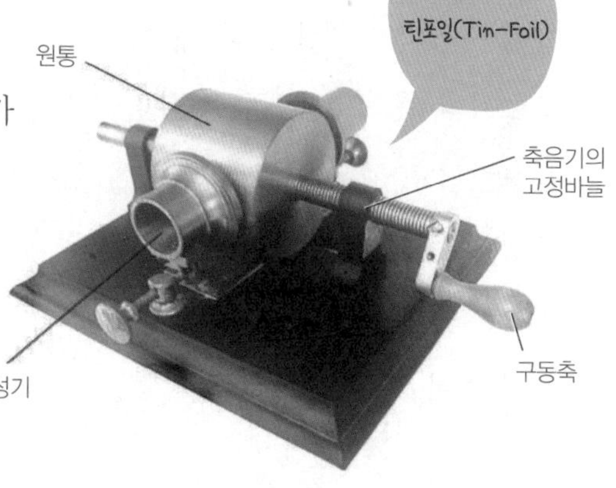

에디슨은 얇은 주석 박을 입힌 원통을

돌리면서 직접 '메리의 어린 양(Mary had a little lamb)'를 불러 녹음을 했어요. 에디슨의 '말하는 기계'가 대중에게 공개되자 많은 사람들은 뒤에서 사람이 속임수를 쓰고 있다며 믿지 않았어요. 직접 확인하기 위해 여러 사람이 모인 가운데 존 헤일 빈센트 목사가 시범을 보였어요. 곧바로 축음기가 조금의 오차도 없이 다시 말을 재생하자 속임수가 아님을 받아들였다고 해요. 당시에 얼마나 놀라운 발견인지 알 수 있겠죠?

에디슨의 특허기간이 풀리자 많은 나라와 회사에서 축음기를 개발하기 시작하였어요. 처음으로 가장 많이 제작된 유형은 나팔형 축음기예요. 나팔이 트럼펫 모양을 닮았다고 해서 트럼펫형 축음기라고 불렸어요.

나팔형 축음기가 전시되어 있는 곳을 지나면, 서랍 같은 가구들이 잔뜩 놓여 있는 것을 볼 수 있어요. 이것은 무엇일까요? 이것도 축음기예요. 초기 형태의 축음기는 거대한 나팔이 밖으로 드러나 있어서 아름답지만, 부피가 너무 크고, 손상의 위험이 컸어요. 이러한 단점을 보완하기 위해서 가구 형태를 취하고 나팔을 안으로 넣은 캐비닛형 축음기가 생산된 것이에요.

초기의 축음기는 태엽이 달려 있어 사람이 직접 돌려야 작동이 가능하였어요. 이곳의 오래된 축음기는 여전히 아름다운 음악 소리를 재생할 수 있어요. 정말 신기하죠? 축음기가 들려주는 클래식하고 묵직한 사운드를 들으니 마치 영화 속 한 장면으로 시간 이동을 한 기분이 들어요

주소 강원도 강릉시 저동 35-1, 36번지

체험시간 09:00~18:00(입장 마감 16:30)

휴관일 연중무휴

관람료 일반 20,000원, 중고생 14,000원, 어린이·경로 11,000원, 미취학(36개월 이상) 8,000원

체험가능연령 전체 이용 가능

문의 033-655-1130~2

준비물 사진기, 편한 옷차림, 필기도구

☆ 참소리축음기·에디슨박물관에서 티켓을 결제하면 손성목 영화·라디오·TV 박물관까지 입장할 수 있어요.

☆ 해설을 들어야만 입장이 가능한 음악감상실이 있기 때문에, 자유롭게 관람을 하다가 해설을 듣는 것이 좋아요!

셀 수 없이 다양한 축음기들을 둘러보다 보니 에디슨의 발명품으로는 보이지 않는 강아지 인형들이 많이 보여요. 축음기, 전구와도 관계없어 보이는 이 강아지는 무엇일까요?

축음기의 나팔 앞에서 왠지 모르게 슬프고 그리운 표정으로 음악을 듣는 것 같아 보이는 이 개의 이름은 니퍼예요. 주인의 죽음을 슬퍼하며 길거리를 헤메던 니퍼가 축음기 가게에서 '무도회가 끝난 뒤'라는 왈츠곡이 흘러나오자 나팔관 앞에 멈추어 나팔관에 귀를 기울이며 주인을 기다리는 모습이에요.

니퍼의 모습은 에디슨사의 경쟁회사였던 빅터레코드사의 심벌마크로 사용되었으며, 슬픈 이야기와 함께 광고로 만들어져 엄청난 판매수익을 냈다고 해요. 이후에 많은 오디오계 회사들의 상표로 등록되어 사용되었으며, 국내에선 유일하게 참소리 축음기 박물관이 특

허로 등록하여 심벌마크로 사용하고 있어요. 박물관 곳곳의 니퍼를 찾아서 사진을 남겨 보는 것도 좋은 추억이 될 거예요.

두 번째 선물, 빛

참소리 축음기 박물관 1층과 연결되어 있는 에디슨 박물관에서는 에디슨이 만든 발명품들을 본격적으로 만나볼 수 있어요. 그중 가장 유명하고 대표적인 선물은 해가 져서 어두운 저녁과 밤에도 일상생활을 할 수 있게 만들어 준 빛, 즉 전구예요.

에디슨 이전에도 백열전구를 연구하고 개발하려고 노력한 많은 사람들이 있었어요. 당시에 이론적 배경은 많이 알려졌었지만 수명이 너무 짧거나 충분히 밝지 않거나 또는 너무 밝아서, 발열이 너무 심해서 등의 이유로 가정화 · 상용화에 실패하였어요.

에디슨은 집 안에서도 안전하게 오래 사용할 수 있는 백열전구를 발명하였어요. 에디슨 과학 박물관의 삼각형 전시장 안에는 에디슨이 1879년 발명한 전구가 전시되어 있어요.

에디슨은 효율은 높이고 가격은 더 저렴한 전구를 만들기 위해 노력하였어요. 그리고 마침내 100시간 사용 가능한 전구가 목표였던 에디슨은 900시간을 사용하는 전구를 만들었어요.

세 번째 선물, 편리

에디슨 과학 박물관의 2층인 제2전시관에 들어서면 다양한 생활 속 물건들을 만날 수 있어요.

우리는 에디슨이 전구를 발명한 사람으로 알고 있지만, 일상 속 곳곳에 편리하게 사용하고 있는 생활용품도 많이 발명하였어요. 300년을 살아도 발명하느라 시간이 모자란다는 명언을 남길만 하네요.

에디슨은 발명과 사업에 굉장히 몰두해 있었다고 해요. 첫 번째 부인이 세상을 떠났을 때에는 장례식에도 가지 않았을 정도로 가족에게는 소홀한 편이었다고 해요. 그런 점들이 후회가 되어서일까요? 두 번째 부인인 마이너 밀러와 재혼한 후에는 부인과 딸을 위한 발명품들을 많이 만들었어요. 바로 일상생활을 편리하게 만들어 주는 커피포트에서부터 토스트기, 와플 기계까지!

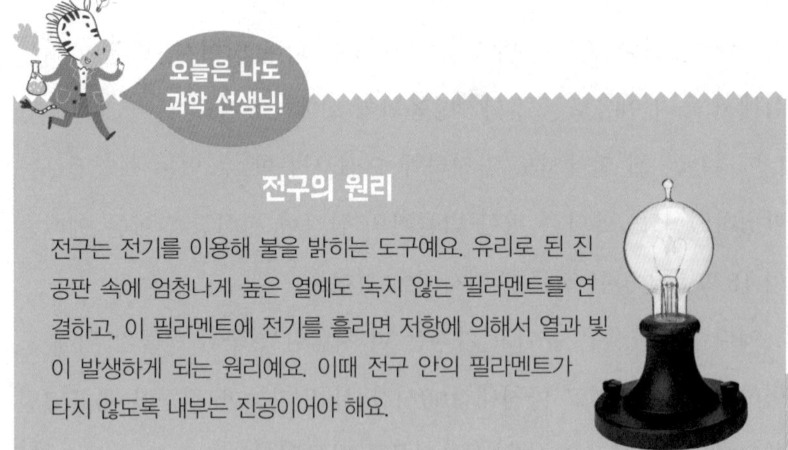

전구의 원리

전구는 전기를 이용해 불을 밝히는 도구예요. 유리로 된 진공판 속에 엄청나게 높은 열에도 녹지 않는 필라멘트를 연결하고, 이 필라멘트에 전기를 흘리면 저항에 의해서 열과 빛이 발생하게 되는 원리예요. 이때 전구 안의 필라멘트가 타지 않도록 내부는 진공이어야 해요.

전기생활용품을 발명할 수 있었던 것은 에디슨이 이전에 단순히 전구 하나만을 발명한 것이 아니라 스위치, 소켓, 안전 퓨즈 등 전기 공학과 관련해서 꾸준히 연구하고 개발했기 때문이에요.

심지어 딸을 위해 말하는 인형을 발명하기도 하였어요. 축음기를 꾸준히 발전시켜 소형화하여 인형 안에 넣는 응용을 한 것이지요.

발명은 번뜩이는 아이디어와 뒷받침해줄 기술력이 있어야 하지만, 그보다 앞서 일생상활을 편하게 만들려는 '필요'와 '사람을 위하는 마음'이 무엇보다도 중요하다는 것을 느끼게 해 주는 전시 체험이었어요.

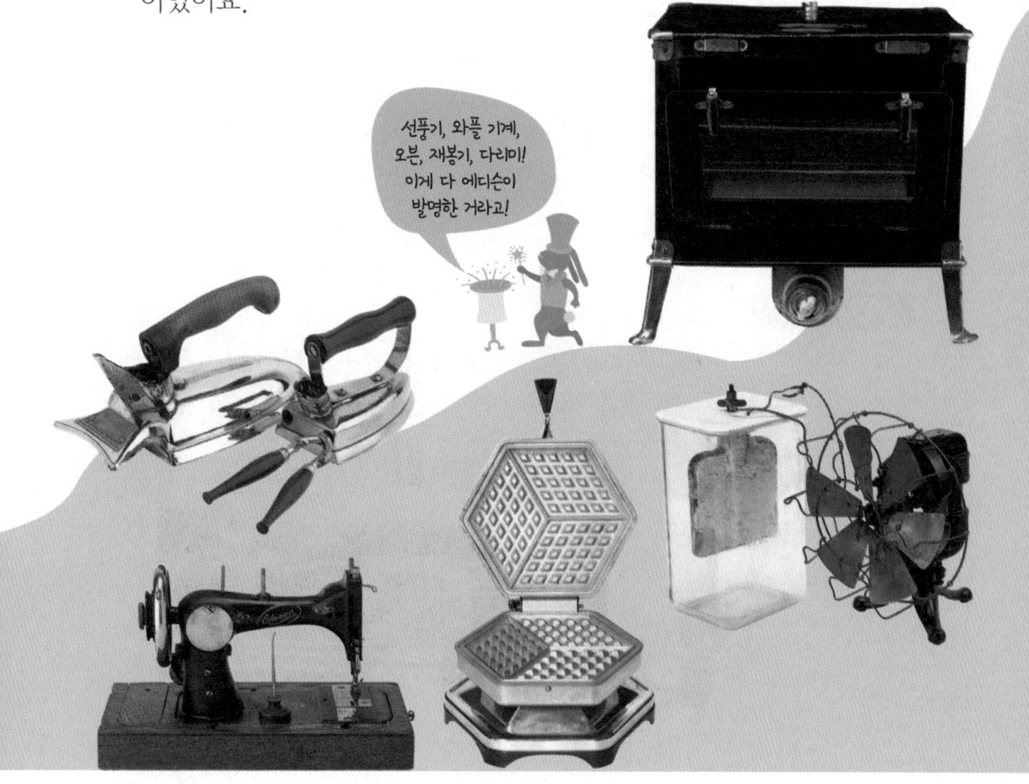

손성목 영화 라디오 TV 박물관

참소리 축음기, 에디슨 과학 박물관 티켓으로 이곳도 관람할 수 있어요.

라디오 전시관

약 100여 년부터 세계 각국에서 생산된 라디오, TV 등이 전시되어 있어요.

음악 감상실

영화 역사에 주옥같은 영화 음악들을 그 당시 영상과 함께 감상할 수 있는 공간이에요. 60여 년 전의 극장용 음향 시스템이 설치되어 있으며, 동시에 300여 명이 입장 가능해요.

참소리 영화관

1930~50년대 미국 대형 극장에서 사용된 오디오의 명기를 통해 참소리를 만날 수 있는 공간으로, 쥬크박스와 피아노 소리 또한 감상할 수 있어요. 영화관의 상영은 해설을 들었을 때만 가능하니, 자유롭게 관람하다가 해설을 듣는 것을 추천해요.

에디슨은 3000여 권에 달하는 발명 노트를 썼다고 해요. 일상생활 속 불편함에서 아이디어를 찾은 에디슨처럼 우리도 발명 아이디어를 내볼까요?

- 아이디어 제목

- 아이디어 동기 및 불편함을 느낀 점

- 아이디어 내용

05

천문우주에 대한 호기심이 쑥쑥 자라나요!

약 137억 년 전, 빅뱅이라는 우주대폭발을 통해 우주의 시간이 시작되었어요. 그런데 지구는 우주에 있는 수많은 은하 중 하나, 그 은하들 중 하나의 태양계, 그 태양계 안에서도 작은 행성 하나에 불과해요. 광활한 우주에 대한 끊임없는 호기심은 어쩌면 인류가 가진 태초의 궁금증이었을지도 몰라요. 우리 함께 천문우주에 대한 꿈을 키워 볼까요?

밤하늘의 별을 보며 만난 과학

-홍대용과학관

천의 얼굴, 날씨

-국립대구기상과학관

은하수가 쏟아지는 밤

-화천조경철천문대

우주를 향한 꿈을 찾다

-나로우주센터 우주과학관

밤하늘의 별을 보며 만난 과학

밤하늘에 반짝이는 별들을 본 적이 있나요? 우리가 보는 별들은 얼마나 멀리 떨어져 있을까요? 또 그 수는 얼마나 될까요? 별을 보면 궁금한 것들이 많이 떠오르죠?

지금 우리가 보는 별빛은 먼 우주에서 아주 오래전에 출발한 것들이라고 해요. 가장 오래된 별빛은 138억 년 전의 것이에요.

우주에는 별뿐만 아니라 우리 지구와 같은 여러 가지 행성들도 있고 수많은 행성과 별이 모여서 만들어진 은하라는 것도 있어요.

오늘날에는 과학기술의 발달로 우주 망원경과 여러 관측기구를 통해 우주에 대해 많은 것을 알 수 있어요. 그렇다면 아주 오래전, 우리 선조들은 밤하늘의 별을 보며 무슨 생각을 했을까요? 또 어떻게 하늘을 관찰할 수 있었을까요?

과학관 속으로

오래전 우리나라에 이미 천문학이 발전했었다고?

만 원짜리 지폐에 어떤 인물이 그려져 있는지 알고 있나요? 바로 세종대왕이에요. 그럼 그 뒷면에는 어떤 그림이 있나요? 혼천의, 신기전, 화차, 천상분야열차지도가 그려져 있어요. 혼천의는 천체의 움직임과 그 위치를 측정하던 천문 관측기구예요. 옛날에도 하늘의 움직임을 측정하던 천문 관측기구가 있었다는 사실이 놀랍지 않나요? 천상분야열차지도는 조선 시대에 만들어져 널리 쓰인 우리나라의 밤하늘 지도를 말해요.

천상분야열차지도는 돌에 새겨진 세상에서 두 번째로 오래된 천문지도예요.

천상분야열차지도는 북극성을 중심으로 밤하늘의 별자리를 나타내어 하나의 세상으로 바라보았어요. 가장 중심이 되는 북극성은 당연히 하늘에서 가장 높은 옥황상제의 자리였다고 해요.

옛날에 우리나라에서도 천문학이

발전하였다는 것을 알 수 있지요. 우리 선조들은 하늘의 현상을 어떻게 이해하고 설명하였을까요?

조선의 천문학자 홍대용! "누가 뭐래도 지구는 돌아!"

홍대용과학관을 가기 전에 홍대용에 대해 알아볼까요? 조선 시대 학자인 홍대용은 여느 선비들처럼 방에서 조용히 책만 읽는 선비는 아니었어요. 적극적으로 탐구하고 관찰하는 것을 좋아하였어요.

홍대용이 본격적으로 과학에 관심을 가진 것은 중국에 다녀오고 나서부터에요. 비록 60일간의 짧은 중국 여행이었지만, 이 기간에 홍대용은 수학과 천문학, 천주교에 대해 토론하고 그들의 문물을 보면서 세계관의 큰 변화를 느꼈어요.

그는 조선에 돌아오자마자 개인 천문대를 만들고 수학책을 쓰기 시작하였어요. 이 수학책에는 오늘날 구구단에 해당하는 부분도 있고, 원의 둘레를 구하는 방법도 기록되어 있어요. 특히 그는 밤하늘을 관찰하면서 지구가 둥글다고 생각하였어요.

홍대용은 1762년에 밤하늘을

관찰할 수 있는 여러 기구를 만들어 자신의 집 앞마당에 설치하였어요. 대표적인 것이 지구를 본 떠 만든 혼천의예요. 그리고 농수각이라는 이름을 붙여 집 마당에 우주를 표현하려고 하였어요.

"땅덩어리(지구)는 하루에 한 바퀴를 도는데, 땅의 둘레는 9만리(약 35,350킬로미터)이고 하루의 시간은 12시진(1시진=2시간)이다. 9만리의 넓은 둘레를 12시진에 도니 번개나 포탄보다도 더 빠른 셈이다."

이 말은 우리가 살고 있는 지구가 하루에 한 바퀴씩 돌고 있다는 내용이에요. 홍대용은 "지구가 우주에 정지하여 움직이지도, 돌지도 않고 하늘에 매달려 있다면 즉시 물이 썩고, 땅이 죽으며, 그 자리가 썩고 헐어 부서져 버릴 것이다."라고 하여 지구가 둥글고 또 돌고 있다는 필연성을 설명하였어요.

오늘날 우리는 지구가 돈다는 사실을 여러 책과 TV를 통해 알 수 있지만, 실제로 지금 내 발아래에 지구가 돌고 있다는 것을 느낄 수는 없어요. 그런데 그 옛날에 홍대용이 이것을 생각하였다니 정말 놀라운 일이에요.

혼천의

달빛마당에서 조선의 과학을 만나다

주차장에 들어서면 홍대용과학관의 전경이 한눈에 들어와요. 조선 시대에 선조들은 하늘을 보며 무슨 생각을 하였을까요? 그 궁금증을 해결할 수 있다는 생각에 벌써 심장이 두근거리네요.

달빛마당에 인간 해시계가 보이네요. 인간 해시계는 내가 시계의 시곗바늘이 되어 시간을 알 수 있게 만들어져 있어요. 발판을 보면 1월부터 12월이 각각 다른 위치에 표시되어 있는데, 8월이면 8월 발판 위에 올라서면 돼요. 신기하죠?

인간 해시계 체험을 마치고 주위를 둘러보면 100년 전 조선 시대의 하늘을 관측하던 다양한 기구들을 볼 수 있어요. 측우기는 긴 원통에 눈금을 표시하여 내린 비의 양을 측정하는 기구예요. 측우기는 농사에 많은 도움을 주었다고 해요. 또 앙부일구, 하늘의 별자리를 둥근 원형 모양의 면에 새겨놓은 혼상의라는 것도 볼 수 있어요. 이처럼 입구에 들어서기도 전에 조선 시대의 위대한 천문기기를 만날 수 있는 곳이 바로 홍대용과학관이에요.

건물 안으로 들어가면 오픈 도서관이 눈에 띌 거예요. 과학관을 둘러보기 전에 미리 책을 보며 관련 지식을 쌓거나 과학관을 둘러보다 생긴 궁금증을 여기서 해결하면 좋을 것 같아요.

홍대용과학관은 4층으로 되어 있어요. 1층에는 매표소와 안내소, 강당과 천체 투영관이 있어요. 천체 투영관에서는 극장 안에서 영화를 보는 것처럼 밤하늘의 별의 영상을 볼 수 있어요. 시간대별로 다양한 영상을 볼 수 있으니 예약하고 가면 더욱 좋을 거예요.

2층은 기획전시실이고 3층은 상설전시실과 영상강의실로 나누어져 있어요. 상설전시실은 홍대용의 업적과 일대기를 다룬 홍대용 주제관, 재미있는 과학 체험을 할 수 있는 과학 체험관, 옛 천문학부터 현대 천문학에 이르는 재미있는 천문학 이야기를 다채로운 표현과 장치를 사용해 나타낸 과학사 전시관이 있어요. 이곳이 홍대용과학관의 메인 전시실이라고 할 수 있지요.

마지막으로 4층은 교육실과 관측실로 이루어져 있어요. 교육실에서는 관측 사전 교육이나 공작교실 등이 진행되며, 관측실에서는 800밀리미터 반사 망원경이 있는 주관측실과 280밀리미터 반사 굴절 복합 망원경 등 여러 종류의 보조 망원경이 있는 보조관측실에서 관측을 할 수 있어요.

홍대용과학관을 돌아보면 우리 선조들의 과학에 대한 관심과 발전의 놀라움을 느낄 수 있을 거예요.

천체투영실

주소 충청남도 천안시 동남구 수신면 장산서길 113

체험시간 10::00 ~ 18:00

휴관일 월요일(국경일인 경우 다음날), 1월 1일, 설날, 추석 전날, 당일

관람료 초등 1,500원, 중고등 2,000원, 성인 3,000원

체험가능연령 전체

문의 041-521-3531

준비물 사진기, 편한 옷차림

☆ 관측 및 천체투영관 운영시간과 요금은 홈페이지를 참고하세요.

☆ 천안-아산 시민은 50퍼센트 할인(신분증 필요)

망원경으로 관측한 밤하늘

과학은 즐거워!

뭐니 뭐니 해도 과학은 즐기는 것이 최고예요. 이곳 홍대용과학관에서는 여러 가지 체험 활동을 즐길 수 있어요.

전시물 체험과 천문학의 꽃인 망원경을 통한 천문 관측 체험이 있는데, 전시물 체험은 정말 신나고 즐거운 것들로 가득해요.

자동차에 탑승 후 직접 시뮬레이터를 운전하며 우주 행성들의 표면을 탐방하는 우주 지질 탐험도 인기가 있어요. 낙하기구를 타고 중력이 없는 우주 공간을 직접 체험할 수 있는 무중력 체험도 해 보세요. 마치 내가 우주인이 된 듯한 경험을 할 수 있어요. 또 행성이 공전하는 원리를 자전거를 통해 직접 체험할 수 있는 원심력 자전거 체험도 있고, 날아오는 운석을 시뮬레이션으로 피하는 인터렉티브 게임도 있어요. 신나고 즐거운 체험 덕분에 과학이 더 재미있게 느껴졌어요. 특히 트릭아트 포토존이라는 곳에서 찍은 사진은 홍대용과학관 여행을 추억하는 좋은 선물이 될 거예요.

무중력 체험

우주 지질 탐험 체험

원심력 자전거 체험

운석 시뮬레이션 게임

홍대용과학관에서는 다양한 과학체험 시설과 전시해설 프로그램이 있어요. 그리고 낮의 하늘과 밤의 하늘을 관측할 수 있는 천체 관측 프로그램도 운영하고 있어요. 천체 관측 프로그램의 핵심은 바로 '맑은 날'이에요. 꼭 날씨 좋은 날 방문하여 홍대용과학관의 모든 것을 즐기고 오세요.

체험시설 안내

체험시설	우주 지질 탐험	무중력 체험	원심력 자전거
체험시간	10:10		–
	11:00		11:00
	12:00		12:00
	13:00		–
	14:00		14:00
	15:00		15:00
	16:00		16:00
	17:00		–

• 3층 홍대용 주제관 내 과학체험 존에서 정해진 시간에 선착순 체험
• 주황색 시간은 주말, 공휴일만 운영

전시해설 안내

구분	내용
장소	3층 상설전시실 입구
시간	3층 안내데스크 참조
해설 내용	홍대용 과학사상 및 천문학사 소개 등
소요 시간	약 20분
비고	요청시 해설시간 외 추가해설 가능

관측실 프로그램 안내

주/야	주간 관측		야간 관측	
기간	하절기	동절기	하절기	동절기
장소	보조관측실		주관측실 / 보조관측실	
체험시간	15:00	14:00	20:00	19:00
	16:00	15:00	21:00	20:00
관측대상	태양흑점, 홍염 등		달, 행성, 성단, 성운, 은하, 별자리 등	
참가비용	선착순 무료		유료	
소요시간	약 30분		약 30분	
참가방법	13:00부터 무료티켓 배부 (1층 매표소)		홈페이지 사전예약 후 현장에서 발권	

- 주간 관측은 프로그램 시작 후 5분 경과시 입장 불가
- 야간 관측은 기상악화시 천체투영관 운영
- 모든 프로그램은 과학관의 일정에 따라 조금씩 변경될 수 있어요.

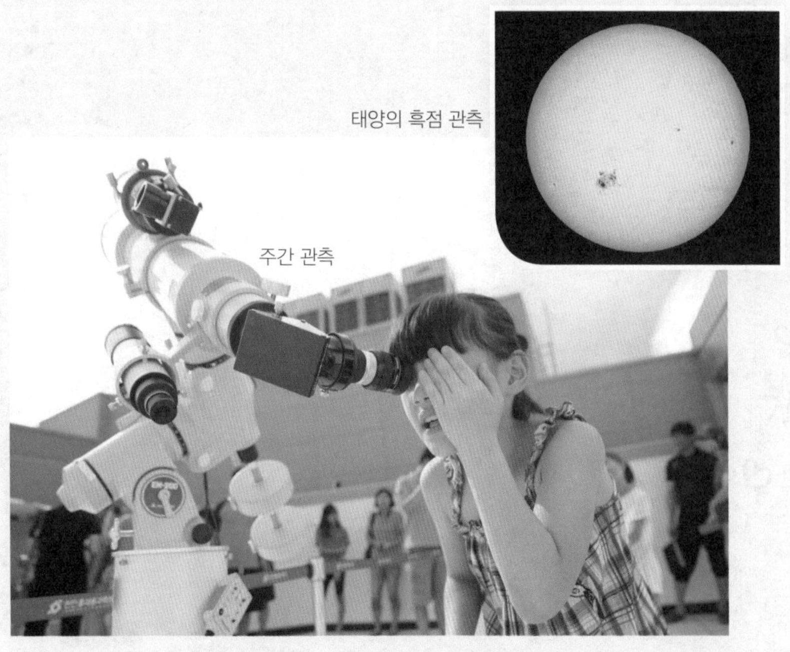

태양의 흑점 관측

주간 관측

맑은 날 밤하늘의 별을 보며 나의 별자리를 만들어 그려 보고, 내가 지은 별자리의 의미를 적어 보세요.

- 내가 만든 나의 별자리

● 내 별자리의 의미

국립대구기상과학관

천의 얼굴, 날씨

우리 친구들은 어떤 날씨를 좋아하나요? 햇살이 눈부신 맑은 날을 좋아하나요? 가뭄 끝에 시원한 비가 내리는 날은 어떤가요? 첫눈이 기다려지지는 않나요? 뜨거운 여름 날씨는 어떤가요?

우리가 어떤 옷을 입을지, 어디를 갈지, 무엇을 할지를 결정할 때 날씨에 많은 영향을 받아요. 특히 여행이나 체험 활동을 앞둔 날에는 내일 날씨가 어떨지 더욱 신경이 쓰이죠. 요즘엔 TV 뉴스뿐 아니라 인터넷이나 스마트폰 앱을 통해서도 가까운 미래의 날씨를 금방 확인할 수 있어요. 이렇게 우리가 가까운 미래의 날씨를 예측할 수 있도록 도와주는 것이 바로 일기예보예요.

이러한 날씨 정보들은 어떻게 모아지고, 어떤 과정을 통해 전달될까요?

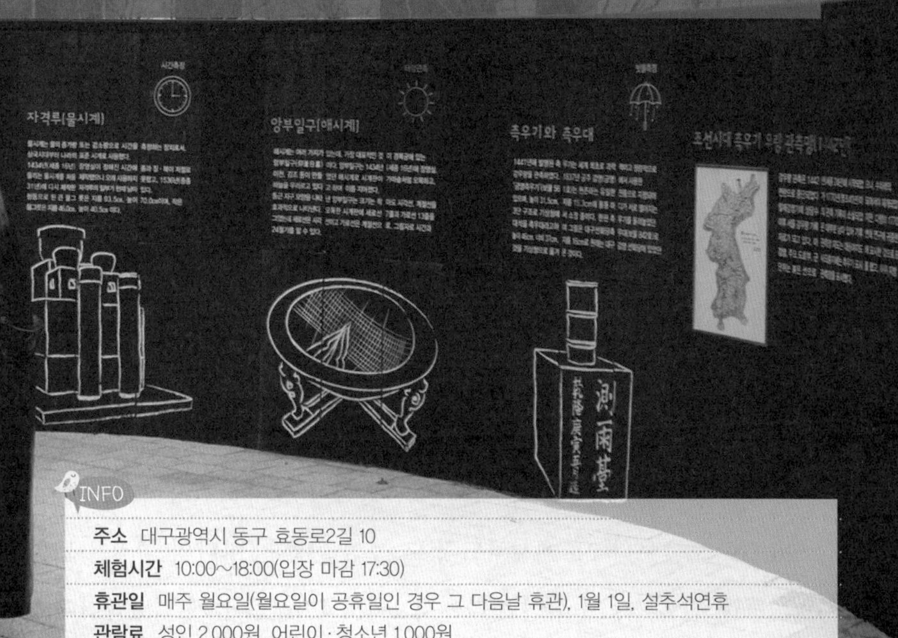

INFO

주소 대구광역시 동구 효동로2길 10

체험시간 10:00~18:00(입장 마감 17:30)

휴관일 매주 월요일(월요일이 공휴일인 경우 그 다음날 휴관), 1월 1일, 설추석연휴

관람료 성인 2,000원, 어린이·청소년 1,000원

체험가능연령 전체 이용 가능

문의 053-953-0365

준비물 사진기, 편한 옷차림, 필기도구

☆ 주말 개인 대상 교육은 당일 현장 접수만 가능해요

☆ 가볍고 편한 옷차림을 하는 것이 좋아요.

과학관 속으로

일기예보로 표현되는 날씨의 요소

"내일은 점점 흐려져 전국에 비가 내리다 서쪽 지방부터 점차 그칠 것으로 보입니다. 예상 강우량은 제주 남부와 산지가 최고 80밀리미터 이상, 전남 남해안과 경남, 제주도는 10에서 40밀리미터, 전남과 경북은 5에서 20밀리미터입니다. 해안과 강원 산간 지역에는 바람이 매우 강하게 불 것으로 보여 시설물 관리에 주의해야 합니다. 아침 기온은 서울이 13도 등 전국이 10도에서 16도로 오늘보다 5도 정도 낮겠습니다. 낮 기온은 서울이 25도 등 전국이 22도에서 26도로 오늘보다 2도에서 4도 정도 높겠습니다. 바다의 물결은 남해와 동해 전 해상, 서해 먼 바다에서 2에서 4미터로 높게 일겠습니다."

우리 친구들은 날씨라고 하면 어떤 단어가 같이 떠오르나요? 날씨는 앞의 날씨 기사처럼 기온, 바람, 강수(비와 눈) 등으로 표현되어요. 기온, 바람, 비와 눈 등이 어떻게 작용하여 미래의 날씨를 만들까요?

지구의 자전과 공전이 기온의 변화를 만든다고?

국립대구기상과학관은 날씨가 어떻게 예측되는지, 그 속에 어떤 과학적 원리가 담겨 있는지를 일반인에게 쉽게 전달하기 위해 세운 곳이에요.

기온에 가장 큰 영향을 끼치는 것은 무엇일까요? 바로 태양이에요. 우리가 살고 있는 지구는 뜨거운 태양의 주위를 돌다 보니 태양의 영향을 가장 크게 받아요.

기온의 변화는 하루 동안의 변화와 일 년 동안의 변화로 나누어 생각할 수 있어요. 하루 동안의 변화는 지구의 자전에 의해 나타나요. 지구의 자전에 의해 해가 뜨고 지는 현상이 나타나며, 해가 떠서 지표면을 서서히 가열해 하루 중 해가 가장 높이 떠 있는 정오를 지나, 오후 2시쯤 하루 중 최고 기온이 나타나요. 정오에 최고 기온이 나타나지 않는 것은 태양의 에너지가 지표면을 데우고, 다시 지표면 가까이에 있는 대기를 데우는 데 시간이 걸리기 때문이에요.

일 년 동안의 기온 변화는 지구가 태양의 주위를 공전하기 때문에 나타나요. 또 지구는 자전축이 23.5° 기울어진 채로 태양 주위를 일

오늘은 나도 과학 선생님!

날씨와 기후는 어떻게 다른가요?

눈이 오거나 맑거나, 바람이 많이 불거나 춥거나 하는 등의 그날의 대기 상태를 날씨라고 해요. 그리고 어떤 지역의 일정 기간(약 30년) 동안의 날씨 변화를 관찰해 그 평균을 낸 것을 기후라고 해요. 우리나라는 온대기후 지역에 속해 있어요.

년에 한 바퀴씩 돌기 때문에 우리나라는 태양 고도가 높은 여름은 덥고, 태양 고도가 낮은 겨울은 추운 비교적 뚜렷한 사계절이 나타나요.

바람이 부는 것도 과학!

바람은 왜 불까요? 바람은 우리 주변을 둘러싼 공기가 움직이면서 나타나는 현상이에요. 공기는 한 군데 머물러 있지 않고 주변 환경에 따라 빠르게 또는 천천히 움직이고 있어요. 그래서 바람도 강하게 또는 약하게 부는 것이에요.

바람은 좁게는 지역과 지역 사이를, 넓게는 지구 전체를 돌아다니며 우리가 사는 지구의 에너지를 순환시켜 주는 중요한 역할을 해요.

우리 친구들은 어느 정도의 바람까지 겪어 보았나요? 이곳에는 다양한 세기의 바람을 맞아볼 수 있는 바람체험 공간이 있어요. 나는 얼마나 강한 바람을 맞으며 버틸 수 있을지 체험해 보세요.

바람은 어떻게 표현할까요?

바람을 표현할 때에는 항상 방향과 세기를 함께 표현해야 해요. 오른쪽 그림과 같이 바람은 화살 모형으로 나타내요.
여기서 깃대의 방향은 바람이 불어오는 방향(풍향)을, 화살 깃의 합은 바람의 세기(풍속)를 나타내요.

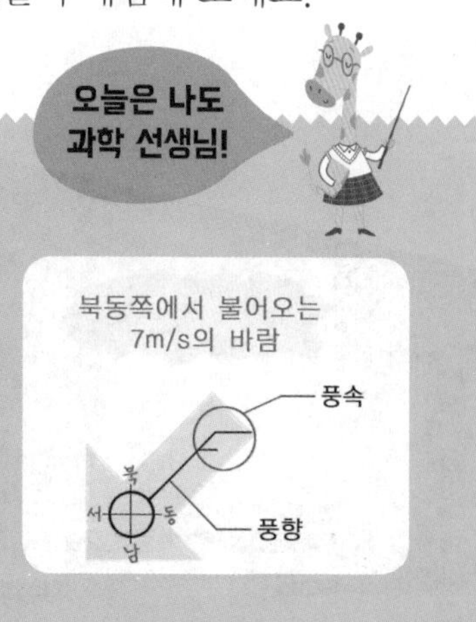

온실 효과는 나쁜 것일까?

날씨와 관련된 재난이라고 하면 어떤 현상이 가장 먼저 떠오르나요? 영화에 많이 등장하는 토네이도와 영화 '해운대'에 등장하는 지진해일이 대표적인 재난 현상이에요. 제2전시실은 날씨 속 과학에 대한 주제로 전시물이 꾸려져 있어요. 먼저 토네이도와 지진해일을 직접 관찰할 수 있는 전시물을 살펴볼까요? 버튼 한번으로 토네이도를 일으켜 보고, 강력한 지진해일도 일으켜 볼 수 있어요.

지구가 사용하는 에너지는 어디에서 왔을까요? 지구는 태양의 에너지를 받고, 이를 이용해 생명체가 살 수 있는 환경을 유지하고 있어요. 만약 지구가 거울처럼 태양에서 오는 에너지를 다 반사해 버리면 어떻게 될까요? 아니면 지구가 구름에 완전히 뒤덮여 태양을 볼 수 없다면 어떻게 될까요? 아마 더 이상 사람들이 살기 좋은 따뜻한 지구는 유지될 수 없을 거예요.

날씨와 문화

우주공간
대기공간
지표면

시정에 영향을 주는 기상현상
Weather phenomena affecting visibility range

지구는 태양 에너지를 받아 필요한 만큼 저장해서 사용하고, 남는 에너지는 다시 우주로 돌려보내는 작업을 통해 지구의 평균 온도를 일정하게 유지하고 있어요.

대기 속의 이산화 탄소, 수증기, 오존 등의 기체들은 지구가 방출하는 에너지의 일부를 저장하여 지구 표면의 평균 온도를 약 15도 정도로 일정하게 유지시키고 있는데, 이를 온실 효과라고 해요. 그리고 이 효과를 일으키는 이산화 탄소, 수증기 등의 기체를 온실 기체라고 해요. 온실 효과가 없다면 지구 표면의 온도는 영하 20도까지 내려갈 것이라고 해요.

온실 효과로 일어나는 기상이변을 다룬 재난 영화들도 종종 볼 수 있어요. 온실 기체가 필요 이상으로 많아지면 지구의 평균 기온이 올라가 큰 재난이 올 수도 있지만 온실 효과는 마냥 나쁜 것이 아니라 우리 생활에 필수적인 현상이에요.

일기예보는 어떻게 만들어질까?

오랜 세월 날씨는 인간이 알 수 없는 신의 영역이었어요. 지금은 어떨까요? 또 미래에는 100퍼센트 정확한 일기예보가 가능할까요?

일기예보는 과거부터 쌓아온 날씨와 관련된 자료들을 바탕으로 수많은 관측소와 관측 장비를 이용해 현재의 기상 상태를 측정하고, 이를 바탕으로 날씨를 '예측'하여 알려주는 것이에요.

제3전시실에서는 일기예보가 이루어지는 과정에 대해 자세히 알아볼 수 있어요. 그리고 기상캐스터가 되어 보는 체험도 할 수 있으니 절대 놓치지 마세요.

여기서 끝이 아니에요. 대구기상과학관 밖에는 기상 동산이 마련되어 있어요. 해양기상관측장비인 부이도 볼 수 있고, 기상 갤러리에서는 측우기를 중심으로 기상의 역사를 파노라마 형식으로 볼 수 있게 꾸며져 있어요. 그리고 별관처럼 기상레이더 전시관이 따로 마련되어 있는데 이곳에서는 우리나라의 기상관측소와 전국 각지의 기상레이더에 대한 이야기를 담고 있어요.

우리가 매일 궁금해하는 날씨 예측이 어떻게 이루어지고, 어떤 장치들을 이용해서 이루어지는지 이제 알게 되었나요?

일기도 체험·기상캐스터 체험

국립대구기상과학관 2층 '예보 속 과학' 전시실에서는 일기도 그리기 체험과 기상캐스터 체험을 할 수 있어요. 체험 시간에 맞춰 가면 기상캐스터가 된 나의 사진을 찍고 출력도 할 수 있어요.

- **체험 시간** 10:30 / 11:30 / 13:30 / 14:30 / 15:30 / 16:30
- **체험 인원** 시간대별 15명

3D 영상관·VR 체험

대구기상과학관 1층에서는 날씨와 관련된 3D 영상을 볼 수 있는 3D 영상관과 VR 체험을 운영하고 있어요.

	3D 영상관	VR 체험
운영시간	10시 30분부터 30분마다 상영	매시 20분~정시
체험인원	42명	회차당 16명
신청방법	안내데스크에서 입장권 수령	매 정시~20분 선착순 신청
소요시간	약 15분	약 5분
	12시 타임 제외	

교육 프로그램

국립대구기상과학관에는 기상기후 아카데미, 어린이 날씨교실 등의 다양한 교육 프로그램을 운영하고 있어요.

- **체험 시간** 11:00 / 13:00 / 15:00 / 17:00 (주말 및 공휴일)
- **체험 인원** 최대 20명~30명
- **접수 방법** 당일 현장 접수만 가능(1층 체험교실 앞)

기상 캐스터가 되어 내일의 날씨를 예상해 볼까요? 가족들이 각자 예보한 후 가장 가깝게 예상한 사람 소원 들어주기 등의 게임 형태로 해도 좋아요.

내일의 날씨

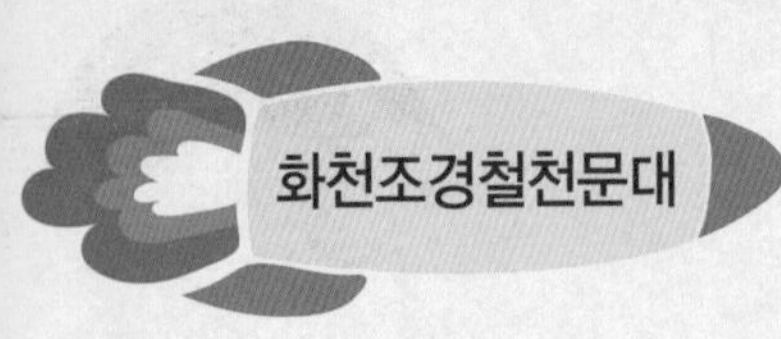

은하수가 쏟아지는 밤

따뜻하고 밝은 태양이 사라지면 어두운 밤하늘에 반짝이는 별들이 나타나요. 반짝이는 별들은 언제나 우리 가슴을 설레게 하지요.

지구의 북반구와 남반구 하늘 전체에서 맨눈으로 볼 수 있는 별의 개수는 약 6,000개라고 해요. 그런데 지평선 아래의 별들은 볼 수 없으므로, 실제 우리가 볼 수 있는 별은 3,000여 개예요.

밤하늘을 수놓는 화려한 별들을 모두 볼 수 있으면 얼마나 좋을까요? 요즘엔 도시의 밝은 빛이나 커다란 건물, 산처럼 여러 장애물에 가려져 별들을 많이 볼 수 없어요. 그러나 화천조경철천문대에서라면 쏟아질 듯 부서지는 황홀한 밤하늘의 별들을 만날 수 있을 거예요.

주소 강원도 화천군 사내면 천문대길 453

관람시간 14:00 ~ 22:00

휴관일 매주 월요일(단, 신정, 설날 및 추석 당일 휴관)

전시관람 무료

주간해설: 2시 / 3시 / 4시 **야간해설**: 7시 / 8시 / 9시

천체관측 유료프로그램(사전예약)

- **별 헤는 밤**: 평일 밤 9시, 주말 1회 밤 8시, 2회 밤 10시
- **심야관측**: 밤 11시~새벽 1시
- **별 학교**: 기초과정 1일 코스, 고급과정 5일 코스, 밤 9시

주차료 무료

문의 033-818-1929

홈페이지 http://www.apollostar.kr/

준비물 사진기, 보온성 옷차림, 필기도구.(스마트폰 어플 SkySfari, SkyMap)

☆ 보름달이 뜨면 달이 너무 밝아 주변에 있는 별들이 잘 안 보여요. 별을 관측할 땐 보름달이 뜬 날을 피해서 가면 좋아요.

☆ 동절기(10월~4월)에는 반드시 도로상황을 확인하고 방문해 주세요.

작가: 섬집

천문대 속으로!

화천조경철천문대? 조경철이 누구인가요?

강원도 화천의 해발 1,040미터나 되는 광덕산은 주변의 빛 공해가 적고, 구름의 영향을 적게 받아 맨 눈으로 은하수를 볼 수 있는 곳으로 유명해요.

화천조경철천문대는 시민천문대 중 가장 높은 바로 광덕산 1,010미터에 위치하고 있어요. 그래서 아마추어 천문가들을 비롯해 별을 보고 싶어 하는 사람들에게 인기가 많아요.

그런데 화천조경철천문대! 이름이 독특하죠? 이곳은 사람 이름이 붙은 천문대예요. 그 주인공은 누구일까요? 바로 아폴로 박사라는 별명으로 친근한 조경철 박사예요.

조경철 박사는 미국항공우주국(NASA)의 한국인 최초 연구원이에요. 그는 1969년 아폴로 11호의 달 착륙 방송을 생중계하던 도중 너무 흥분한 나머지 의자에서 넘어지는 장면이 방송되면서 '아폴로 박사'라는 별명을 얻었어요. 이후 TV 프로그램에도 자주 출연하는 등 과학의 대중화를 위해 많은 노력을 하였어요. 그런 그의 업적을 기리고자 화천군에서는 2014년 10월 10일에 화천조경철 천문대를 건립하게 되었어요.

이곳은 평생을 별과 함께 살아온 조경철 박사가 소장하고 있던 책과 그림, 유품들을 전시한 조경철박사 기념관을 중심으로 하여 천문·우주 전시실, 플라네타리움, 천체관측시설로 이루어져 있어요.

태양이 지나가는 길

하늘에서 태양이 지나가는 길을 황도라고 해요. 황도에 걸치는 별자리는 모두 12개로 황도 12궁이라고 불러요. 양, 황소, 쌍둥이, 게, 사자, 처녀, 천칭, 전갈, 궁수, 염소, 물병, 물고기자리가 있어요.

태양은 그 밝기가 너무 강해서, 우리들은 태양 가까이에 있는 별자리 주위의 별은 볼 수 없어요. 어두운 밤이 찾아오면 태양의 반대편에 있는 별자리가 하늘을 멋지게 꾸며 주는 것이에요.

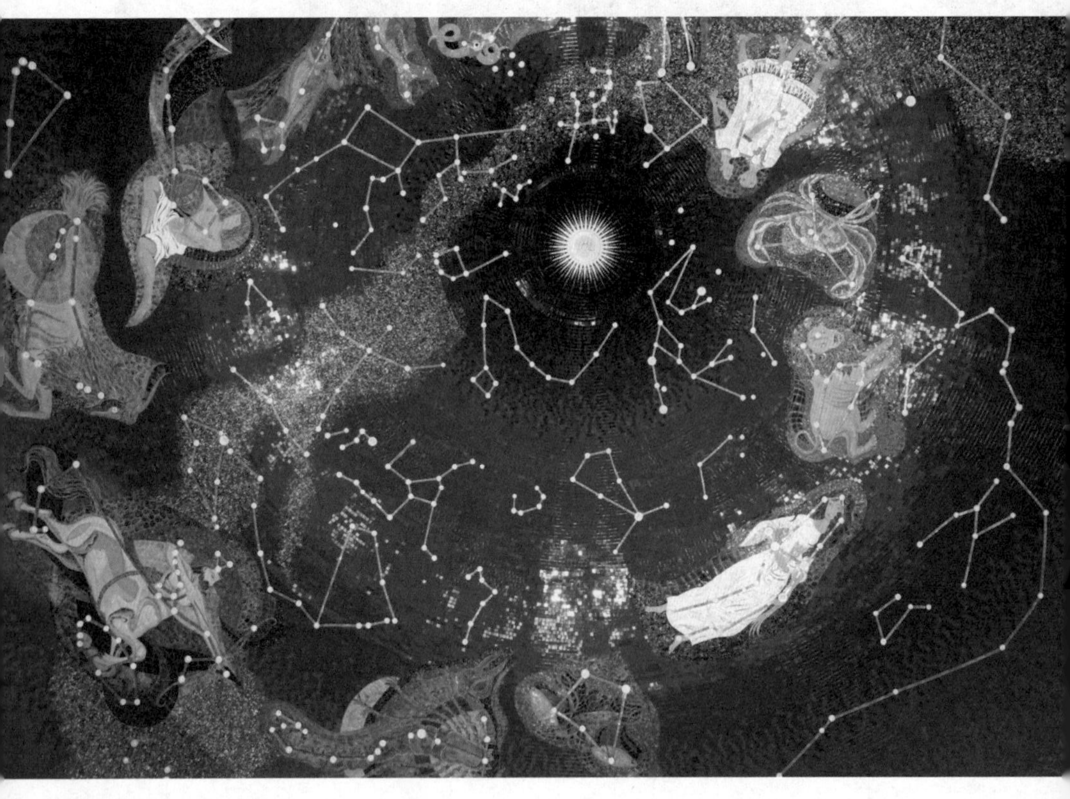

밤하늘의 별자리를 보며 오늘 태양이 어느 별자리에 있었는지 추측할 수 있어요. 또한 밤하늘에 황도를 그릴 수 있으면 태양 주위를 도는 행성을 알 수 있어요. 황도 12궁 부근에 없던 밝은 별이 관측되었다면 행성일 경우가 많아요.

하늘의 별자리들은 다양한 이야기를 갖고 있어요. 여름철이 끝날 무렵 남쪽 밤하늘에는 염소자리가 나타나요. 보통의 염소 모습이 떠오를 텐데, 염소자리는 상반신은 염소이고, 하반신은 물고기 모습이에요. 그리스 신화에 따르면 나일강에서 열린 잔치에 갑자기 괴물 티폰이 쳐들어오자 가축의 신 '판'이 도망치다 급하게 주문을 외워 그런 모습이 되었다고 해요. 오늘밤 밤하늘의 별자리를 보며 어떤 신화가 있는지 알아볼까요?

하늘에 떠 있는 별을 계속 관찰하면 모든 별들은 동쪽에서 서쪽으로 움직이고 있다는 것을 알게 돼요. 이렇게 별이 움직이는 이유는 바로 지구가 서쪽에서 동쪽으로 스스로 돌고 있기 때문이에요. 별은 하루에 한 바퀴 '360도' 회전해요. 그래서 360도를 24시간으로 나누면 1시간에 15도씩 움직이는 것을 알 수 있어요.

은하수를 맨눈으로 볼 수 있다고?

밤하늘에 보이는 엷은 빛의 띠가 하늘을 두르고 있는 사진을 본 적이 있나요? 이것은 은하수예요. 화천조경철천문대에서는 도시에서 보기 어려운 은하수를 맨눈으로 볼 수 있다는 것이 가장 큰 매력이에요. 그러나 은하수가 매일 허락되는 건 아니에요. 날씨가 흐리거나 보름달이어서 밤하늘이 너무 밝을 때는 별을 보기 어려워요. 그래도 이곳은 맨눈으로 별을 볼 수 있는 날이 1년에 150일 정도로 엄청 많은 편이에요.

은하수는 북반구에서 여름날 밤에 특히 지평선 위에서 아치 모양으로 볼 수 있어요. 이러한 광경은 우리가 우리 은하 안에서 거주하기 때문에 보이는 현상이에요. 무수한 별빛들은 1,000광년 이상의 먼 거리에 있는 별들이 혼합된 모습이에요.

그럼 은하수는 남반구와 북반구에서 관측할 때 똑같이 보일까요? 남반구에서는 은하의 꼬리가 지평선 부근에 있고, 북반구에서는 은하수 꼬리가 위쪽에 위치해요.

화천조경철천문대의 은하수 특별 관측기간 중에는 10시 폐관 이후에도 관측하는 사람들이 많아요. 그래서 화장실, 정수기를 사용할 수 있게 새벽 1시까지 개방해 주기도 해요. 이때 별을 관측하는 데 방해가 되는 밝은 불빛을 비추지 않도록 주의해야 해요. 또 주변이 많이 어두운 편이라 안전사고에도 각별히 주의해야 해요.

가족들과 함께 천문대 근처 공터에 돗자리를 펴고 누워서 은하수를 두 눈에 담는 경험을 하면 좋은 추억이 될 거에요.

오늘밤 달은 어떤 모양일까?

하늘에 떠 있는 천체(태양·행성·위성·달·혜성·소행성·항성·성단·성운 등) 중에 가장 크게 보이는 것은 무엇일까요? 바로 태양과 달이에요. 태양과 달의 크기가 비슷해 보이는데, 실제 달의 크기는 태양과 같을까요? 태양은 지구에서 대략 1억 5천만 킬로미터 떨어져 있고, 달은 지구에서 대략 38만 킬로미터 떨어져 있어요. 실제로는 태양이 얼마나 큰지 상상할 수 있나요?

우리가 밤하늘에서 가장 크게 볼 수 있는 천체는 바로 달이에요. 달은 지구를 돌고 있는 위성으로, 태양 빛을 받는 부분만 반사하여 밝게 보여요. 달은 지구를 도는 위치에 따라 그 모양이 달라져요. 둥근 보름달이 되는 때를 보름달, 태양과 같은 방향에 있어 달을 관측할 수 없을 때를 그믐, 왼쪽으로 볼록할 때를 하현, 오른쪽으로 볼록할 때를 상현이라고 불러요. 또한 달은 모양만 변해가는 것이 아니라 하늘에 나타나는 시간도 변해요. 매일 하루에 50분씩 늦어지고 있어요.

천체 관측은 어떻게 할까?

천체망원경은 어두운 천체에서 오는 빛을 모아 밝은 상을 만들어 확대해 보여 주는 기능을 갖고 있어요. 빛을 모으는 방식에 따라 크게 굴절망원경과 반사망원경이 있는데, 굴절망원경은 빛을 모으는 데 볼록렌즈를 사용하고, 반사망원경은 렌즈 대신 거울을 사용해요. 화천조경철천문대에는 어떤 천체 망원경이 있을까요? 바로 두 종류 모두 있어요.

화천조경철천문대는 3곳의 천체관측시설이 있어요. 제1관측실은 주관측실로, 일반관람과 심층관측이 가능하며 시민천문대 중 최대인 1미터 구경의 반사 망원경이 있어요. 제2관측실은 60센티미터의

반사망원경을 갖추고 있어요. 연구동도 있는데, 이곳은 천문대 연구원만 출입이 가능해요.

제3관측실은 관측실습장으로, 이곳에는 굴절망원경과 반사망원경의 천체망원경이 모두 6대 있어요. 제1관측실과 제3관측실은 교육과정에 참여하는 분에 한해 관측할 수 있으니 미리 확인하세요.

천체망원경을 통해 밤하늘을 만나본다면 아름다움뿐만 아니라 우리의 존재가 지구를 벗어나 태양계, 우리은하, 우주에 존재한다는 것을 증명하는 기회가 될 거예요.

광덕 계곡

광덕산을 내려오는 길에 시원한 광덕 계곡을 만날 수 있어요. 이곳은 물이 맑은 데다가 시원한 곳에 위치하고 있어 여름철 가족들과 물놀이를 즐기기에도 매우 좋은 곳이에요.

출처: 한국문화관광연구원

붕어섬

강원도 화천군 화천읍 하리에 있는 아주 작은 섬으로, 춘천댐의 담수로 만들어진 곳이라고 해요. 환경보존 및 자연친화적 요소를 가미하여 사계절 녹색체험휴양지로 많은 사람들이 찾고 있어요. 특히 여름에는 수상레저와 파란 하늘을 가로질러 강을 건너가는 짚와이어를 즐길 수 있어요.

화천산천어축제

강원도 화천읍 중리에서는 겨울에 화천산천어축제가 열려요. 낮에 즐길 수 있는 이색 놀거리와 밤에 즐길 수 있는 화천조경철천문대를 함께 경험해 보세요.

출처: 화천산천어축제조직위원회

한 달 동안 주기적으로 달의 모습을 관찰하여 그려 보고 달의 모양이 어떻게 변하는지 살펴보세요.

날짜	달의 모양
월 일	

● 달의 모양이 어떻게 변했나요?

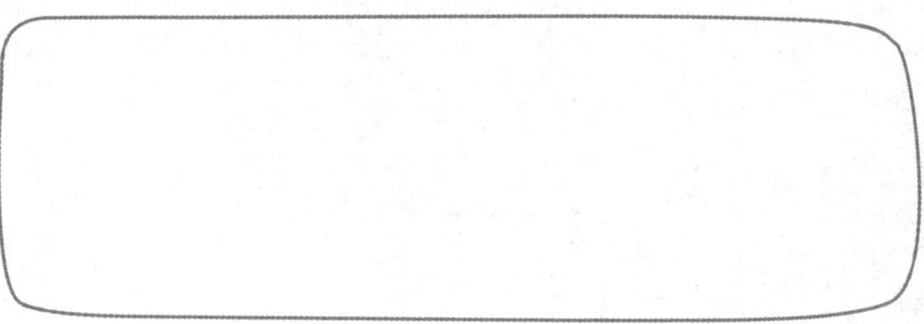

우주를 향한 꿈을 찾다

우주는 어떻게 생겼을까요? 또 우주는 얼마나 크고 넓을까요? 또 우주에는 어떤 것들이 있을까요? 우리가 살고 있는 지구는 우주에서 어떤 위치를 차지하고 있을까요?

인류는 아주 오래전부터 우주에 대해 무한한 궁금증을 가지고 있었어요. 그러다 우주의 영상을 찍을 수 있는 망원경을 만들면서 130억 년 거리의 은하도 찾아내고 우주의 나이가 138억 년이라는 것도 알아냈어요.

오늘날 인류는 우주에 위성을 발사하고, 우주정거장에서 수많은 연구를 진행하는 수준까지 이르렀어요. 우리나라에서도 우주를 연구하는 곳이 있는데 바로 나로우주센터가 그곳이에요. 이곳에서는 어떤 우주를 만나게 될까요? 두근두근! 이제 출발해 볼까요?

나로우주센터 속으로

전라남도 남쪽 해안도로를 따라 나로우주센터로 달려가다 보면 다도해 해상 국립공원을 지나게 돼요. 좌우로 흐트러져 있는 수백 개의 섬들이 저 멀리 혹은 가까이에서 반짝이는 바다와 어우러져 아름다움에 취하게 만드네요.

그렇게 자동차로 한 시간을 이동하면 어느새 가장 남쪽 외나로도 섬에 있는 나로우주센터 우주과학관에 도착하게 돼요. 섬과 섬을 넘어오면서 구불구불한 도로가 많아 고생이라고 느낄 수도 있는데, 광활하게 펼쳐진 바다를 앞에 두고 우뚝 솟은 나로호 실물 모형을 만나면 언제 그랬느냐는 듯 황홀감에 감격하게 될 거예요.

출처: 항공우주연구원

주소 전라남도 고흥군 봉래면 하반로 490

체험 시간 10:00 ~ 17:30 (입장은 오후 5시까지 가능)

휴관일 매주 월요일(월요일이 공휴일인 경우 그 다음날 휴관), 1월 1일

관람료 어른 3,000원, 청소년 · 어린이 1,500원

체험 가능 연령

문의 061–830–8700

준비물 사진기, 편한 옷차림, 필기도구

☆ 돔영상관, 3D자이언트 영상관 체험은 미리 예약하고 가면 좋아요.

☆ 전시설명은 1일 4회(10:30, 11:00, 14:00, 15:30) 진행 (5인 이상 40인 이하)

☆ 체험을 떠나기 전에 홈페이지 〈우주과학교실〉 (www.narospacecenter.kr) 코너를 둘러보며 관련된 정보를 미리 예약하고 가면 좋아요.

2013년 1월 30일 16:00

5, 4, 3, 2, 1, 발사!! 굉음과 지축을 울리는 진동을 남기고 나로호가 우주를 향해 발사되었어요. 그리고 50초 만에 음속을 넘어서고, 발사 3분 만에 고도 100킬로미터를 돌파하여 하늘의 점 하나로도 보이지 않게 멀리 날아갔어요. 우리나라 최초의 우주발사체인 나로호가 발사에 성공한 순간이에요. 이로써 우리나라는 세계에서 11번째로 우리 힘으로 개발한 로켓으로 자국에서 위성을 발사하여 궤도에 진입시킨 나라가 되었어요. '스페이스 클럽'에도 이름을 올렸지요.

나로호는 '한국 최초의 우주 발사체'라는 의미를 담기 위한 명칭 공모전에서 선정된 이름이에요. 나로호가 발사된 전라남도 고흥군 봉래면에 딸린 섬인 '외나로도'의 이름을 따서 지어진 것이라고 해요.

나로우주센터는 최초의 우주 발사체 발사 기지가 있는 곳이라는 특별한 의미를 갖고 있어요.

나로우주센터 마당에서 바라본 남해안은 옅은 안개가 바다와 하늘의 경계를 흐트러뜨린 채 자연스럽게 바다와 하늘을 이어주고 있어요. 이곳에서 140톤의 무게를 지닌 나로호가 우주로 향해 쏘아 올려졌다는 것을 떠올리니 감격스러웠어요.

물론 나로호 발사까지는 두 차례의 실패가 있었어요. 2009년에 1차 발사가 실패하였고, 2010년 2차 발사에도 실패하였어요. 우주발사체 연구를 함께하던 러시아와의 계약상 마지막 시도였던 3차 발사에서도 두 번이나 발사 일정을 미루었어요.

출처: 항공우주연구원

출처: 항공우주연구원

그 까닭에 막대한 국가 예산이 투입된 우주 개발 사업에 대한 국민들의 걱정도 높았죠. 항공우주연구원 연구원들이 받던 스트레스는 어마어마했을 거예요. 하지만 과학의 발전에는 늘 실패가 함께하기에 성공이 더욱 빛나는 것이에요. 시도조차 하지 않는다면 아무것도 이룰 수 없기 때문이에요. 과학자들은 수많은 실패와 반복 실험을 통해 마침내 성공을 이루어 내는 것이에요.

우리나라는 1990년대부터 우주과학에 본격적으로 관심을 갖고 연구를 시작하였어요, 나로호의 성공은 불과 20년 만에 이룬 쾌거라고 할 수 있어요.

우주를 향한 문을 열어 볼까요?

나로우주과학관 1층 상설 전시관으로 들어가면 우주가 어떤 곳인지, 우리가 살고 있는 지구와는 어떻게 다른지 체험해 볼 수 있어요.

우주는 지구와는 다르게 중력이 거의 작용하지 않고, 진공에 가까운 상태예요, 그래서 우주정거장의 우주인들이 둥둥 떠서 이동하는 것이에요.

태양계의 다른 행성인 금성, 화성 등도 지구와는 다른 물질로 이루어져 있어 중력이 모두 달라요. 중력의 차이는 바닥에 설치된 우주체중계에 올라가 보면 알 수 있어요. 지구의 표면 중력의 크기를 1이라고 했을 때, 화성은 지구의 0.38배, 금성은 0.91배의 크기예요. 다이어트에 매번 실패하는 경우 금성 체중계에 올라가면 마음의 위로를 받을 수 있을지도 몰라요.

우주로켓의 기본 원리는 무엇일까요? 바로 '작용과 반작용'이라는 물리 법칙이에요. 로켓이 발사될 때 뒤로 뿜어지는 배기가스의 반작용으로 로켓이 앞으로 나가려는 힘이 생기게 되는 것이에요. 쉬운

우주는 무중력일까요?

일반적으로 우주 공간은 중력이 없는 무중력 상태로 많이 표현되지만, 실제 질량이 있는 행성과 같은 천체 주변에는 언제나 중력이 작용해요. 다만, 중력이 느껴지지 않는 것처럼 여겨져서 무중력이라고 하는 거예요.

지구 주변을 돌고 있는 인공위성에도 중력이 작용하고 있을까요? 네. 중력이 작용해요. 인공위성도 질량이 있고, 지구도 질량이 있고, 또 인공위성은 지구의 영향권 안에 있기 때문에 중력이 작용하고 있어요.

그렇다면 우주정거장 안에 있는 우주인들은 왜 중력이 없는 것처럼 떠다닐 수 있는 것일까요? 그 이유는 바로 인공위성이 지구 둘레를 안정적으로 돌고 있다는 점에서 찾을 수 있어요. 인공위성이 지구 둘레를 원운동하면서 작용하는 원심력이 중력과 크기는 같고 방향은 반대이기 때문에 중력이 상쇄되어 중력의 효과가 나타나지 않는 상태로 여겨지는 것이에요.

예로 풍선에 바람을 불어넣었다가 풍선 꼭지를 열면, 풍선 안의 공기가 빠져나가면서 그 반작용으로 꼭지의 반대 방향으로 풍선이 날아가는 것과 같아요.

일반적으로 군사용 미사일이나 우주로켓은 초속 8킬로미터나 되는데, 배기가스가 로켓의 좁은 구멍으로 분사되면서 엄청난 속도를 내는 것이에요. 배기가스는 질량이 매우 가볍지만 엄청난 속도로 뿜어져 나오기 때문에, 무거운 로켓을 움직일 수 있는 힘이 작용하게 되는 것이에요. 어렵죠? 한 쪽에 힘이 가해지면 마찬가지로 반대되는 힘이 작용한다고 생각하면 쉬어요.

중력을 이겨내고 140톤의 무게의 로켓을 하늘로 100킬로미터 이상까지 높이 쏘아 올릴 수 있는 힘이 얼마나 클지 짐작할 수 있나요? 1층으로 가면 나로호 발사의 간접 체험이 가능한 전시물에서 나로호 발사 카운트다운과 함께 발사시 굉음과 지표면의 진동을 느껴볼 수 있어요.

인류가 만든 하늘의 별이 전해주는 메시지

지표면에서 수직으로 발사되어 올라간 우주로켓은 점차 옆으로 누우면서 운동 방향이 변화되어요. 바로 연료가 분사되는 노즐의 미세한 움직임 때문에 방향이 바뀌는 것이에요. 이후에 페어링 분리, 로켓의 1단 분리, 2단 점화 등의 과정을 거쳐 마침내 목표 궤도에 근

접할 때 위성을 분리시켜 안정 궤도로 진입해요.

이곳에서는 이렇게 궤도에 오른 인공위성이 어떻게 목표 궤도에 진입하게 되는지, 그리고 지구를 관측하기 위해 인공위성이 얼마나 빠른 속도로 지구 주변을 돌고 있는지 등을 체험해 볼 수 있어요.

밤하늘에 반짝이는 별들 중에는 인류가 만들어서 쏘아올린 인공위성들도 많이 있어요. 인공위성은 방송, 통신, 관측 등 다양한 영역에서 실생활과 밀접히 관련된 역할을 해요. 오늘날 우리가 세계 곳곳과 자유롭게 통신할 수 있도록 글로벌 시대를 열어 준 일등공신이 바로 인공위성이에요.

2층 상설전시관에는 인공위성이 보내온 영상을 재구성한 전시물이 있어요. 이 영상은 거대한 지구의 변화를 저 멀리 우주에 외롭게

출처: 항공우주연구원

떠 있는 인공위성이 소리 없이 보내 주는 메시지에요.

전시관 안으로 더 들어가면 인공위성의 역사를 한 눈에 살펴볼 수 있는 공간이 있어요. 천리안 위성, 아리랑 위성의 모형과 우리나라 최초의 인공위성인 우리별 1호의 모형도 전시되어 있어요.

그런데 인공위성의 모습이 TV나 책에서 익숙하게 봐 왔던 세련된 모습이 아닌 직육면체나 원기둥 형태의 조각품들에 금박 혹은 은박 등이 약간은 너저분한 상태로 결합되어 있어 실망할 수도 있어요.

비록 겉모습은 멋지지 않을 수 있지만, 각종 광학카메라, 적외선 카메라, 레이더 등의 장치를 탑재하고, 발사시의 충격과 대기권의 마찰과 압력을 견딜 수 있게 만들어진 것이에요. 또, 강한 태양빛과 극저온의 온도에서도 버티고, 우주광선에 의한 전파 방해와 손상을 방지하기 위한 수많은 과학기술이 담겨 있어요. 그 기능을 생각하면 우리 힘으로 만든 인공위성이 얼마나 멋지고 자랑스러운지 새삼 느낄 수 있을 거예요.

우주탐사 과학자 되어 보기

1층에는 나로호 발사통제센터 모형을 꾸며놓은 곳이 있는데, 나로호 각 부품의 조립과 이동, 발사까지의 전 과정을 모니터 안내를 통해 터치 게임으로 체험해 보는 전시물이에요.

2층 전시실에는 국제우주정거장의 내부 모습을 그대로 재현해 놓

출처: 항공우주연구원
KARI 한국항공우주연구원
우리나라도 언젠가 달에
태극기를 꽂을 수 있겠지!

은 공간이 있어요. 이곳에서 실제 우주인들이 입는 우주복, 우주 식량, 화장실, 우주정거장에서 하는 연구 등을 볼 수 있어요.

우주인들은 무중력 상태인 우주에서 오랜 기간 머무르면서 생활하기 때문에 각종 장비와 폐쇄된 좁은 공간에서의 생활을 이겨낼 강한 정신력이 필수예요. 이곳은 우주인들에게 필요한 자질과 생활 모습을 살펴볼 수 있는 좋은 경험이 될 거예요.

또 우주과학관에서는 잠시나마 우주인 가족이 되어 볼 수 있어요. 바로 크로마키라는 합성 기법을 활용해서 우주인이 되어 보는 체험이에요. 크로마키란 일기예보나 영화에서 특수 효과 등을 넣을 때 활용하는 기술이에요. 사진으로 보니 진짜 우주인이 된 것 같네요.

미래 로켓을 연구하는 우주과학자도 되어 보고, 또 우주정거장에서 우주인으로의 생활 체험을 기회를 가져 보며 우주의 꿈을 꾼 환상적인 하루를 즐겨 보세요.

우주체험캠프

우주체험캠프는 자라나는 청소년들에게 우리나라의 우주 연구의 발전 및 가능성에 대한 이해, 우주 과학의 기본 원리와 로켓에 대한 이해, 흥미로운 인공위성과 우주과학에 대한 이해를 돕기 위한 프로그램이에요. 프로그램은 기본형이며, 단체 상황에 따라 바뀔 수 있어요.

※ 예약·문의전화: 061-830-8783(청소년교육팀)

우주체험캠프 교육프로그램

교육프로그램	교육내용
전시물 집중탐구	워크북을 활용해 전시물과 연계된 우주과학의 원리를 학습
우주인과 스핀오프	우주인과 스핀오프 학습 후 우주볼펜 만들기 체험
우리나라 로켓탐구	나로호 만들기를 통해 로켓의 원리, 우리나라 로켓에 대해 학습
물로켓 발사체험	로켓의 원리에 대해 학습 후 직접 물로켓을 제작, 발사
우리나라 인공위성 탐구	우리나라 인공위성의 역사, 종류, 특징에 대해 탐구 후 키트 만들기

나로 통제센터 방문

실제로 과학자들이 나로호를 발사시켰던 연구단지와 발사통제실에도 미리 신청하면 보안 검사를 통해 방문할 수 있어요. 대통령이 앉았던 의자에도 앉아볼 수 있으니 꼭 한 번 체험해 보세요.

잘 다녀왔어요

지구에서도 개발할 곳이 많은데, 왜 인간은 우주로 나아가기 위해 애쓰는 걸까요? 우주탐사를 개발하는 의의가 무엇인지 자신의 생각을 써 보세요.

06

미래를 상상하고 창의력을 키워요!

레오나르도 다빈치, 라이트 형제, 에디슨… 상상을 현실로 만들었던 역사적인 발명가들이에요. 스티브 잡스, 빌게이츠, 마크 저커버그… 꿈꾸는 가치를 실현한 혁신적인 IT 기업 리더죠. 이들 모두에게는 창의성이라는 공통점이 있어요. 새로운 것을 발명하거나 옛것을 새것으로 재탄생시키거나 혹은 첨단 IT 기술을 만나 미래를 만드는 창의력을 키워 보아요.

기술과 아이디어가 만나 꿈을 키우는 곳

- 메이커시티, 세운

쓰레기에 생명력을 불어넣다

- 서울새활용플라자

컴퓨터는 극장이다

- 넥슨컴퓨터박물관

기술과 아이디어가 만나 꿈을 키우는 곳

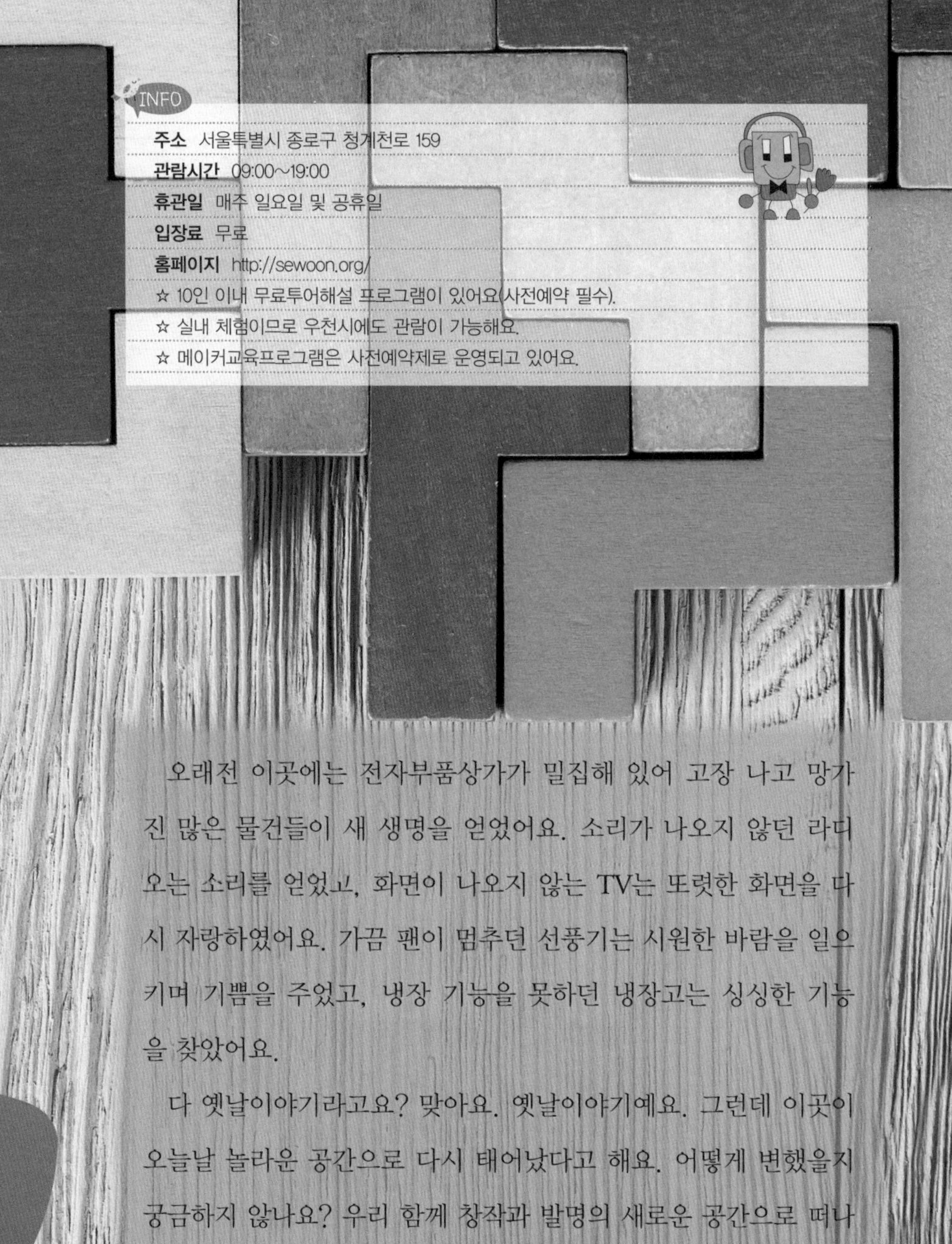

INFO

주소 서울특별시 종로구 청계천로 159
관람시간 09:00~19:00
휴관일 매주 일요일 및 공휴일
입장료 무료
홈페이지 http://sewoon.org/
☆ 10인 이내 무료투어해설 프로그램이 있어요(사전예약 필수).
☆ 실내 체험이므로 우천시에도 관람이 가능해요.
☆ 메이커교육프로그램은 사전예약제로 운영되고 있어요.

오래전 이곳에는 전자부품상가가 밀집해 있어 고장 나고 망가진 많은 물건들이 새 생명을 얻었어요. 소리가 나오지 않던 라디오는 소리를 얻었고, 화면이 나오지 않는 TV는 또렷한 화면을 다시 자랑하였어요. 가끔 팬이 멈추던 선풍기는 시원한 바람을 일으키며 기쁨을 주었고, 냉장 기능을 못하던 냉장고는 싱싱한 기능을 찾았어요.

다 옛날이야기라고요? 맞아요. 옛날이야기예요. 그런데 이곳이 오늘날 놀라운 공간으로 다시 태어났다고 해요. 어떻게 변했을지 궁금하지 않나요? 우리 함께 창작과 발명의 새로운 공간으로 떠나볼까요?

메이커시티 속으로

탱크도 만들고 잠수함도 만들 수 있었던 곳

"이 일대를 한 바퀴 돌면 탱크도 만들 수 있고 잠수함도 만들 수 있다."라는 말이 있어요. 오래전 세운상가가 있던 서울의 청계천 일대를 일컫는 이야기예요.

세운상가 근처는 없는 게 없고, 몇 마디만 주고받아도 상상했던 것보다 더 완전한 물건들을 만들어 낼 수 있는 보물 같은 곳이었어요. 새로운 아이디어도 현실화되어 나타나는 곳이었죠. 부서지고 녹슬고 고장 난 모든 것에 새 생명을 불어넣어 준 고마운 곳이었어요.

1970년대 초 이곳에 입점해 있던 H사는 우리나라 최초의 고유 모델 자동차인 '포니'를 만들었고, 우리나라 대표 소프트웨어인 '한글 워드프로세서'도 이곳에서 태어났어요. 우리나라 최초의 PC업체, 네트워크회사 등도 이곳에서 처음 문을 열었다고 해요. 우리나라 기술 발전의 최신 트렌드가 모두 여기에서 출발했다고 할 수 있지요.

그런데 1980년대 후반 용산에 전자상가들이 생겨나면서 많은 업체들이 용산으로 이사를 갔어요. 그러면서 세운상가 일대는 쇠퇴하기 시작하였어요. 서울은 점점 더 높은 빌딩으로 화려하게 발전하는데, 세운상가는 점점 더 낙후되어 갔어요. 불법 복제음반이나 불법 영상물들을 거래하는 곳이라는 어두운 이미지도 더해졌지요.

그런 세운상가가 '메이커시티, 세운'이라는 이름으로 새롭게 다시 태어났다고 해요. 4차 산업혁명시대에 창작과 발명의 새로운 공간으로 다시 시작하는 거죠! 그 변화를 같이 살펴볼까요?

기술의 역사를 한눈에 보여 주는 세운전자박물관

세운상가를 정면에서 바라보면, 거대한 로봇 하나가 3층 난간에 우뚝 서 있어요. 마치 건너편 종묘를 지키는 것처럼 늠름한 모습이에요. 로봇의 이름은 세봇이에요. 세봇은 세운과 로봇의 합성어로, 세운상가의 마스코트라고 해요. 세봇에 가까이 다가가면, 세봇이 손을 흔들며 인사해요. 세봇은 세운상가의 기술장인들과 청년메이커들이 협력해서 3D 프린팅으로 만든 로봇이에요. 마치 예전에 자동차가 만들어지고, 개인용 컴퓨터가 만들어지던 세운상가의 모습이 연상되면서 감격스럽기까지 하네요.

세봇 옆으로 돌아가면 오른쪽에 세운전자박물관이 있어요. 일반 과학관이나 박물관처럼 큰 전시장은 아니지만 전자상가로 명성을 날렸던 지난 세월만큼, 우리나라 전자산업 발전의 1세대부터 지금까지의 역사를 압축해서 볼 수 있어요.

1세대는 한국전쟁 이후 1960년대까지로, 전자상가의 소리미디어를 다루고 있어요. 2세대인 1980년대는 전자제품의 자체 제작으로 멀티미디어 시대를 보여 주고 있어요. 3세대는 3D 프린팅 기술과 통신 등 네트워크미디어 시대로, 바로 지금 우리가 사는 시대인 2000년대 이후부터를 말해요.

3세대 공간 큐브에는 임플란트, 연골 등을 만드는 의료용 3D 프린터와 로봇팔, 그리고 물고기의 배설물로 농작물을 키우는 스마트아쿠아팜 등 첨단 기술과 친환경적인 기술이 융합된 실용적인 제품들이 전시되어 있어 흥미로워요.

세운상가에서 활동한 1~3세대 인물
들이 자신의 삶을 들려주듯 꾸며져 있
어 한 편의 이야기를 듣는 느낌이에요.
소리사

추억과 미래의 기술을 동시에 만나는 곳

세운전자박물관을 돌아다니다 보면 부모님들의 추억을 떠올릴 수 있는 친근한 아이템을 발견할 수 있어요. 바로 어렸을 때 오락실에서 보았던 게임기의 방향 조절 밸브인 조이스틱이에요.

1988~90년대 유행했던 오락실 게임으로 스트리트파이터 세계 1위를 한 '인생은잠입' 선수와 세운상가에 30년 동안 입주해 게임기 부품만 창의적으로 생산해 온 삼덕사가 협력하여 만든 조이스틱이에요. 이것은 지금도 가장 많이 팔리는 베스트셀러라고 해요.

전자박물관을 나오면 부드러운 음악 소리가 흘러나오는 것을 들을 수 있을 거예요. 바로 보행데크에 전시되어 있는 진공관 스피커에서 나오는 소리예요. 일반 스피커에서 들리는 소리와 달리 더 감미롭고 풍성하게 들리네요. 그 비밀은 진공관 앰프를 사용하기 때문이라고 해요. 그런데 진공관 앰프는 가격도 비싸고 부피도 크고 구하기 힘든 단점이 있었어요.

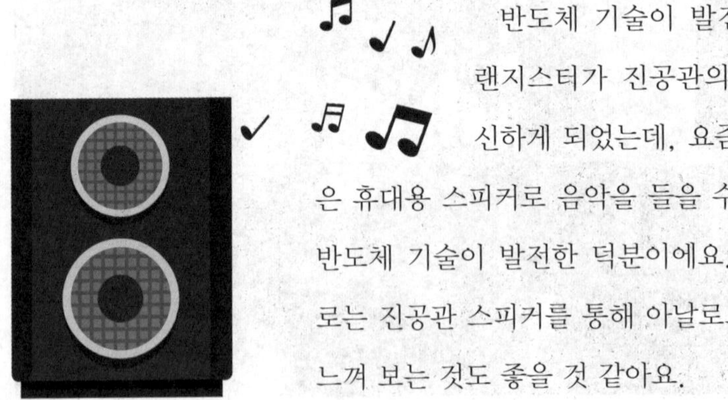

반도체 기술이 발전하면서 트랜지스터가 진공관의 역할을 대신하게 되었는데, 요즘 우리가 작은 휴대용 스피커로 음악을 들을 수 있는 것도 반도체 기술이 발전한 덕분이에요. 하지만 때로는 진공관 스피커를 통해 아날로그적 감성을 느껴 보는 것도 좋을 것 같아요.

청계상회
Makercity Sewoon Showroom
3세대

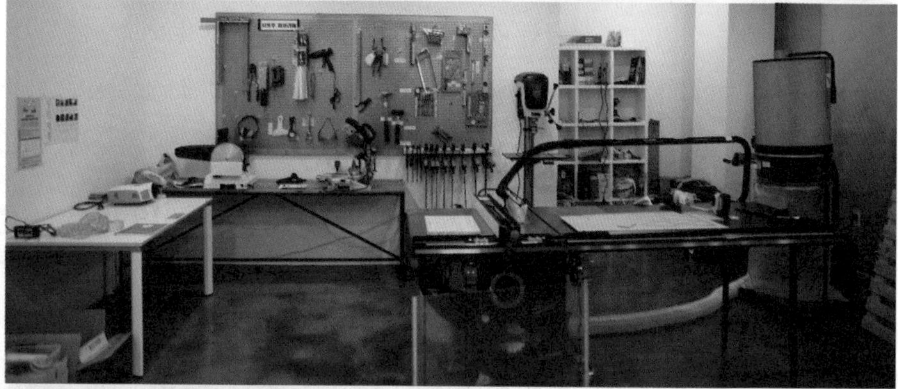

새로운 창작, 발명의 시대를 꿈꾸며

보행데크를 걷다 멈춰선 사람들이 모여 사진을 찍는 곳이 있어요. 각종 부품들이 햇빛의 방향에 따라 다르게 보이도록 전시해 놓은 곳이에요. 우리 친구들도 인생샷을 한번 남겨 볼까요?

안쪽의 세운상가 내부를 바라보면 수많은 가게들이 다소 복잡하게, 미로처럼 들어서 있는 것을 볼 수 있어요.

이곳에는 신기하고 궁금한 것이 정말 많은데, 뭐가 뭔지 모르겠는 것이 더 많아요. 그래서 이곳을 지날 때면 무엇을 어떻게 질문해야 할지 몰라 머뭇머뭇하게 되어요. 오늘은 용기를 내어 한번 물어보세요. 어쩌면 갖고 싶던 것, 또 만들고 싶었던 것을 얻을 수 있는 방법을 알려줄지도 몰라요.

상가의 끝 지점에 다다르면, 아래로 청계천의 물이 흐르고 있고, 산책 나온 사람들, 여유를 즐기는 사람들을 볼 수 있어요. 또 청계천을 건널 수 있는 다리가 세운상가에서부터 건너편 상가까지 연결되어 있어 도심 속의 자연을 만끽할 수 있어요.

이제 8층 옥상으로 올라가볼까요? 건물 밖으로 설치된 노출 엘리베이터를 타면 밖의 풍경을 감상할 수 있어요. 가까이에 종묘도 보이고, 종로대로를 지나는 수많은 자동차들도 보이네요. 옥상에 도착하면 서울의 남산과 N 타워도 볼 수 있어요.

방문객들에게 공개된 옥상에는 큰 벤치와 나무베드들이 있어 휴식의 공간을 제공하고 있어요. 저마다 가지고 온 음료수를 마시며 난간에 기대어 서 있거나 나무 계단에 앉아 책을 읽고 있는 모습이 여유로움을 느끼게 해 줄 거예요.

옥상에서 휴식을 마치고 다시 새로운 공간을 찾아나서 볼까요? 우선 세운상가는 가운데가 뻥 뚫린 개방형 구조에 그 둘레로 창작 공간들이 위치해 있어요. 그리고 투명한 천장으로 햇빛이 바로 내려와 실내에 있으면서도 밖의 풍경을 마주할 수 있어요. 날씨가 맑은 날은 천장에서 들어오는 햇빛이 1층 복도까지 밝혀줄 정도예요.

내려올 때는 엘리베이터를 이용하는 대신 걸어 내려오는 것을 추천해요. 이곳을 걷다 보면 청년들이 새로운 창작 사업을 하는 모습들을 볼 수 있어요. 몇몇 사무실에는 작업 공간을 공개하고 궁금하면 언제든 들어오라는 안내표지판도 걸려 있네요. 호기심이 생기면 바로 한 발 들여놓는 것도 좋아요.

서울 도심의 흉물에서 새로운 창작공간과 휴식공간으로 변화되고 있는 세운상가를 여행한 느낌은 어떤가요? 내 안에 잠들어 있던 발명가로서의 기질을 만나 보는 좋은 경험이 될 거예요.

메이커시티 체험

세운상가 5층에는 서울팹랩과 교육공간이 마련되어 있어요. 이곳에서 다양한 메이커교육이 무료로 진행되고 있다고 해요. 관심 있는 분야가 있으면 미리 예약해서 메이커로서의 경험을 해 보세요.

청계천

세운상가 가까이에는 청계천이 있어요. 자연생태체험인 청계천 생태학교, 청계천을 밝히는 빛초롱축제 등을 운영하고 있으니 도심 속 자연을 즐겨 보세요.

잘 다녀왔어요

우리 친구들은 만들고 싶은 물건이 있나요? 고장 나거나 망가진 물건을 찾아 새롭게 생명을 불어넣어 주세요. 또 새롭게 만들고 싶은 무엇인가가 있다면 아이디어 노트에 써 보세요.

서울새활용플라자

쓰레기에 생명력을 불어넣다

INFO

주소 서울특별시 성동구 자동차시장길 49 서울새활용플라자

관람 시간 10:00~18:00

휴관일 매주 월요일, 추석 당일(추석 연휴기간 운영)

관람료 무료 (체험비 별도)

체험가능연령 전 연령

문의 02-2153-0400

준비물 사진기, 편한 옷차림, 필기도구

주차장 운영시간 09:00-22:00

지구도 자원을 생산할 수 있는 한도가 있다는 것을 알고 있나요? 현재 전 세계인들이 소비하는 자원의 수요를 만족하기 위해서는 평균 1.7개의 지구가 필요하다고 해요. 그렇다면 우리는 하나의 지구에서 제공 가능한 자원의 양을 이미 모두 써 버렸어요.

우리나라는 어떨까요? 지구상의 모든 인구가 우리 국민처럼 살아간다고 가정하면 3.3개의 지구가 필요해요. 또 우리나라의 자원 소비 방식을 유지한다면 우리에게는 8.8개의 한국이 필요해요.

조금 덜 사용하고 덜 버리는 것, 재활용하는 것만으로는 아무래도 한계가 있을 수밖에 없어요.

그럼 어떻게 해야 할까요? 서울새활용플라자에서 그 문제를 생각해 볼까요?

새활용플라자 속으로

폐기물에 가치를 더하다

지난 한 달간의 나의 생활을 돌이켜볼까요? 먹다 남은 음식, 음식을 먹을 때 한 번 사용하고 버린 일회용 수저와 젓가락, 음식을 담을 때 사용한 비닐봉지, 이제는 더 이상 입지 않는 옷 등 지난 한 달간 내가 버린 물건은 얼마나 되나요?

우리나라 기준으로 하루에 버려지는 음식 폐기물은 3,800톤, 의류 폐기물은 40톤, 건설 폐기물은 30,000톤이라고 해요. 넘쳐나는 폐기물들과 자원 고갈 문제를 어떻게 해결할 수 있을까요?

새활용플라자는 폐기물들과 자원 고갈 문제를 새로운 시선으로 바라보고 활용할 수 있는 방안을 제시하고 있어요.

새활용플라자에서는 새활용 소재 20여 종과 이 소재로 만들어진 새활용 작품을 함께 볼 수 있어요. 또한 새활용 디자이너와 작가들의 독창적인 작품을 보며 영감을 얻을 수 있고, 직접 버려지는 재료들로 새활용 제품을 만들어 보는 교육도 받을 수 있어요.

딩동댕~ ♪

익숙한 자원의 새로운 모습, 새활용

서울새활용플라자가 있는 성동구에는 국내 최대 새활용 타운이 조성되어 있어요. 서울새활용플라자를 중심으로 하수도과학관, 중랑물재생센터, 자동차산업 문화관, 공원 등이 어우러져 있어 다양한 체험을 할 수 있지요.

새활용플라자 입구에서 시작되는 300미터 정도의 긴 새활용거리를 걷다 보면 업사이클링(upcycling), 즉 새활용의 개념을 이해할 수 있는 다양한 시설물을 볼 수 있어요. 폐타이어를 활용한 조경박스도 눈에 띄네요. 놀이시설인 스핀펜스도 있는데, 이곳의 스핀펜스는 다 쓴 페인트통으로 만들었다고 해요. 이 거리를 지나는 것만으로도 새활용, 업사이클링이 무엇인지 직관적으로 알 수 있어요.

익숙한 물건들의 새로운 모습을 보니 반갑기도 하면서 신기한 느낌이 드네요.

재사용? 재활용? 새활용?

1층에 들어서면 새활용 개념이 등장하게 된 배경과 재활용과 새활용의 차이를 알기 쉽게 설명해 놓은 그래픽 월이 있어요.

우리 사회는 자원을 소비하는 사회여서 천연자원을 이용하여 제품을 생산하고 유통 과정을 거쳐 쓰임이 다 하고 나면 쓰레기나 폐기물로 처리되어요. 하지만 폐기물 양이 많아지면서 매립지는 점점 포화되고 있고, 소각지는 오염 물질을 발생시켜 또 다른 문제를 일으키고 있지요. 이에 따라 자원의 소비가 아닌 자원을 순환할 수 있는 사회를 만들기 위한 노력이 활발히 이루어지고 있어요.

자원순환사회는 최대한 폐기물 발생을 억제하고, 발생된 폐기물을 재사용하고 또 재활용하는 사회를 말해요. 하지만 자원순환사회는 재활용 과정에서 발생하는 오염 물질의 배출과 소비되는 에너지 자원에 대한 문제를 해결하지 못하는 단점이 있어요.

그래서 등장하게 된 것이 새활용이에요. 새활용(upcycling)은 업그레이드(upgrade)와 재활용(recycle)을 합한 순우리말이에요. 즉, 폐기물에 디자인을 더해서 가치를 높이는 것을 뜻해요.

예를 들어 다 사용한 유리병을 씻어서 다른 음료를 담는다면 재사용이고, 원료로 녹이는 과정을 거친 뒤 다시 유리병을 만든다면 재활용이에요. 여기에 유리병에 디자인 과정을 거쳐 새로운 쓰임으로 가치를 부여한다면 새활용이라고 할 수 있어요.

재사용? 재활용?

재활용(recycling) 쓰임을 다한 자원을 용도를 바꾸거나 가공하여 다시 사용하는 것을 말해요. 분쇄, 파쇄 등 물리적이거나 화학적 변형을 거쳐 다시 활용할 수 있어요.

재사용(reuse) 쓰임을 다한 물건이나 하수 등을 그대로 혹은 정화하여 다시 사용하는 것을 말해요. 재활용과 단어의 뜻은 비슷하지만 특별한 가공을 거치지 않는다는 점에서 의미가 달라요.

유리병에 변형을 가해 그릇으로 새활용한 제품

옷이 된 폐소방호스, 시계가 된 자전거 부품, 그리고…

1층의 그래픽 월을 통해 새활용에 대해 이해하였나요? 이제 본격적으로 새활용 소재 탐방을 떠나 볼까요? 로비 안쪽으로 창의력과 상상력을 자극하는 새활용 제품들이 가득 채워져 있네요. 병으로 만든 샹들리에부터 의자까지 대부분이 새활용을 통해 탄생한 물건들이에요. 소품 하나하나 자세히 관찰하며 지하 1층의 소재 은행으로 내려가 볼까요?

소재 은행은 현재 유통되고 있는 새활용 소재 20여 종과 이 소재들로 만들어진 새활용 작품을 함께 볼 수 있게 꾸며져 있어요. 이곳

의 새활용 소재는 모두 집과 학교에서 볼 수 있는 평범한 소재들이에요. 생활 속에서 쉽게 접할 수 있는 폐가구, 공병, 헌 책, 비닐, 플라스틱, 자투리 가죽 등으로 만든 것이에요.

전시장 가운데 특별한 책상과 의자가 있는데, 이것은 어떤 것으로 만들었을까요? 의자는 플라스틱 박스와 도마로 만들어졌고, 책상은 나무로 된 문을 상판으로 사용해 만든 새활용 제품들이에요. 가구는 가장 재활용이 안 되는 소재라고 해요. 이미 가공되어 버렸기 때문에 이렇게 리폼하지 않는 이상 대부분이 소각처리되고 있어요.

이미 인쇄되고 코팅된 헌 책들도 대부분 소각처리되는데 이동식 스툴로 재탄생하였네요! 얼마 전에 버리려고 했던 많은 책들과 소재들이 생각나지는 않나요? 전시물은 소재에 따라 계속 바뀌니 또 어떤 새활용 제품이 탄생할지 기대가 되네요.

소재 은행은 전시뿐만 아니라 최종 공급자와 최종 수요자를 연결해 주고 공정한 거래를 도와주는 플랫폼 역할도 한다고 해요. 소재를 기증하거나 팔 수 있을 뿐만 아니라 아이디어가 설계된 새활용 제품의 원재료를 구매할 수도 있다고 하니, 우리 친구들도 이용해 보세요. 소재 은행 활용을 통해 폐기물 0퍼센트를 이루어 보면 어떨까요?

소재 은행 내부 풍경
헌 책으로 만든 이동식 스툴!
문을 상판으로 사용한 책상, 도마와 플라스틱 박스를 이용해 만든 새활용 의자

새활용 탐방

버려지는 폐자원이 새로운 가치를 얻게 되는 흐름을 배울 수 있는 새활용플라자 탐방 프로그램으로, 전 연령 대상으로 진행되어요. 인근 자원순환기관과 연계해 요일별로 다른 테마를 만나볼 수 있어요.

요일	시간	프로그램
화	10:00 / 14:30 (60분)	새활용이야기 (1층로비 → 전시실 → 소재은행…)
수	10:00 / 14:30 (120분)	새활용과 재사용이야기 (아름다운가게 + 에코파티메아리 연계)
목	10:00 / 14:30 (120분)	새활용과 물재생이야기 (서울하수도과학관 연계)
금	10:00 / 14:30 (120분)	새활용과 재활용이야기 (SR센터도시금속회수센터 연계)
토	11:00 / 13:00 / 15:00 (60분)	새활용이야기 (1층로비 → 전시실 → 소재은행…)

유아_놀이·체험·탐방

유치원생 및 초등학생 저학년을 대상으로 한 새활용 소재를 활용한 교육프로그램으로, 환경에 대한 관심을 형성해 건강한 기본생활습관 형성에 도움을 주고 있어요.

- 어린이소재 구조대
- 디자인 해부학
- 새활용자동차경주대회
- 새활용인형극
- 새활용 상상 놀이

청소년_진로·인턴·체험·탐방

사회문제를 발견하고 그 문제를 해결하는 과정에 속하는 새활용에 대한 기본인식을 바탕으로 진로를 정하는 데 도움을 주고 있어요.

교육신청방법

① 서울새활용플라자 홈페이지를 통한 신청(seoulup.or.kr)

② 전화 신청(☎02-2153-0440~1)

※ 프로그램은 운영 상황에 따라 변경될 수 있어요. 자세한 내용은 홈페이지를 참고해 주세요.

잘 다녀왔어요

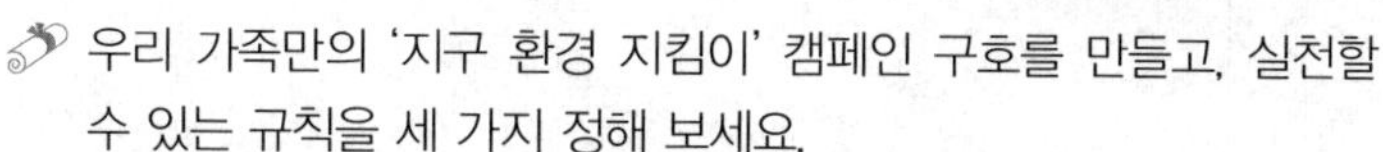

우리 가족만의 '지구 환경 지킴이' 캠페인 구호를 만들고, 실천할 수 있는 규칙을 세 가지 정해 보세요.

- 우리 가족 '지구 환경 지킴이' 캠페인 구호

- 규칙

1.

2.

3.

내가 한 주 동안 버린 자원의 종류는 무엇이고, 얼마나 사용하고 버렸나요? 나의 일주일을 간단히 적어 보세요.

Sound
Altair 8800
Popular Electronics
IMSAI 8080

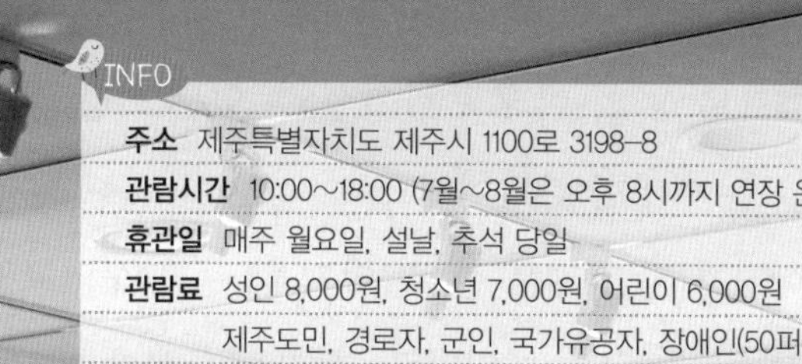

INFO

주소 제주특별자치도 제주시 1100로 3198-8

관람시간 10:00~18:00 (7월~8월은 오후 8시까지 연장 운영)

휴관일 매주 월요일, 설날, 추석 당일

관람료 성인 8,000원, 청소년 7,000원, 어린이 6,000원
제주도민, 경로자, 군인, 국가유공자, 장애인(50퍼센트 할인)

문의 064-745-1994

넥슨컴퓨터박물관

컴퓨터는 극장이다

아련한 추억, 즐거운 상상, 미래로 다가설 수 있는 희망! 바로 컴퓨터가 인간에게 주는 다양한 감정이에요.

누군가에게는 학창 시절 과제를 할 수 있게 해 준 도구였고, 누군가에게는 오락을 즐길 수 있는 게임기로, 한창 유튜브에 관심이 많은 누군가에게는 세계의 온갖 즐거움과 놀라운 경험을 맛보는 상상의 세계로 인도하는 컴퓨터! 이처럼 컴퓨터는 우리 곁에서 다양한 것을 가능하게 해요.

제주도 제주시에 자리하고 있는 넥슨컴퓨터박물관은 20여 년 전 우리나라 최초로 그래픽 온라인 게임을 개발한 넥슨이 만든 박물관이에요. 이곳에서 초기 컴퓨터의 모습부터 오늘날의 발전된 모습까지 컴퓨터의 다양한 이야기를 만날 수 있어요.

박물관 속으로

컴퓨터의 마더보드 속으로 들어가시겠습니까?

넥슨컴퓨터박물관은 지하 1층, 지상 3층으로 되어 있어요. 1층에 들어서면 사물함이 보이는데, 컴퓨터박물관에 어울리는 키보드 모양으로 되어 있어요. 자신이 좋아하는 숫자나 기호의 키보드가 있다면 그곳에 자신의 물건을 보관하는 것도 의미가 있을 것 같아요. '새로고침'을 의미하는 'F5' 키 사물함에 짐을 넣고 출발해 볼까요?

짐을 넣고 1층으로 향하면 웰컴 스테이지가 나와요. 이곳은 브렌드 로럴의 책 "컴퓨터는 극장이다"에서 모티브를 얻어 마더보드를 확대시켜 재현한 공간이에요.

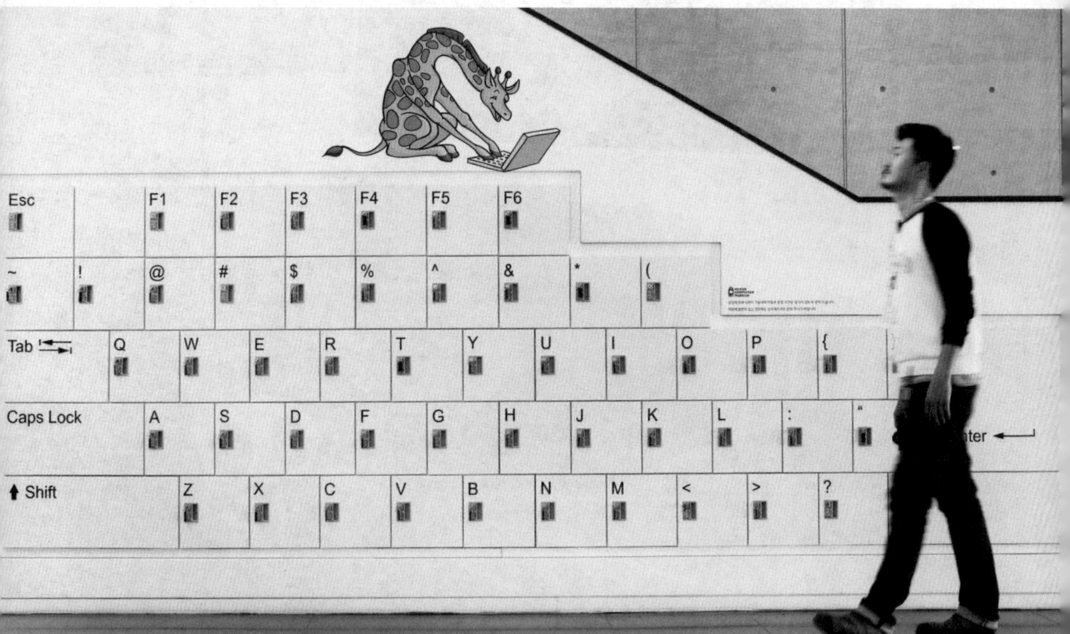

컴퓨터는 정보를 입력하는 장치인 마우스와 키보드, 정보를 저장하는 메모리 장치, 기억·연산·제어를 담당하는 중앙처리장치, 그리고 정보를 보여 주고 들려 주는 그래픽 장치와 사운드 장치 등으로 이루어져 있어요. 이런 부품들을 하나로 연결하여 작동시키는 역할을 하는 것이 마더보드예요. 바닥을 보면 마더보드의 회로도가 그려져 있어 회로도를 따라 이동하며 입출력 장치, 그래픽 장치, 사운드 장치의 발전사를 체험할 수 있어요.

한번 컴퓨터의 모습을 떠올려 볼까요? 나이가 어린 친구들은 터치가 되는 얇은 모니터에 날씬한 데스크탑, 광마우스와 무선 게이밍 키보드를 상상하겠죠? 부모님들은 플로피 디스켓이 들어가던 뚱뚱

한 데스크탑, 작고 볼록한 모니터, 볼을 주기적으로 빼서 청소를 해야 했던 볼마우스가 아득히 떠오를 수도 있겠네요. 넥슨컴퓨터박물관에서는 하루하루 다르게 발전하고 변해가는 기술의 흔적과 이에 반영되는 인간의 생각을 탐색할 수 있어요.

디스플레이 시스템을 위한 마우스!

마우스는 손의 움직임을 읽고 컴퓨터에게 전달해 의사소통을 쉽게 해 주는 장치예요. 웰컴 전시관의 입출력 구역에 들어서면 1964년에 최초로 개발된 마우스인 엥겔바트 마우스의 복각본을 만나볼 수 있어요.

어때요? 지금의 마우스 모습과 비슷한가요? 더글라스 엥겔바트와 스탠포드 대학교 연구팀이 개발한 이 마우스는 원

래 '디스플레이 시스템을 위한 X–Y 좌표 표시기'라는 길고 정직한 이름을 가졌었어요. 바닥에 가로, 세로로 달린 바퀴 2개로 X 좌표와 Y 좌표를 인식했기 때문이에요. 하지만 쥐를 닮았다고 해서 긴 이름 대신 마우스(mouse)라는 귀여운 이름이 붙여졌고, 지금까지도 마우스로 불리고 있어요.

더글라스 엥겔바트는 마우스뿐만 아니라 화살표 모양의 마우스 커서 모양도 만들었어요. 초기의 마우스 커서는 '버그'라는 이름으로 불렸죠. 지금처럼 45도 기울어진 모양이 아니라 똑바로 위를 향한 화살표(↑) 모양이었어요.

하지만 그 당시에는 컴퓨터 화면의 해상도가 낮아 수직으로 세운 커서의 모양을 표현하기 힘들었어요, 컴퓨터 화면에 표현되기 쉽도록 고민한 결과, 왼쪽으로 휘어진 커서의 모양이 화면에서 위치 파악과 그리기에 더 쉬워 많이 사용하고 있어요,

간단한 커서의 모양 하나도 여러 번의 도전과 실패를 거쳐 가장 합리적인 것으로 수정되고 바뀌는 과정을 겪은 것이에요. 너무나 당연히 생각했고, 크게 의식하지 않던 커서가 F5(새로고침)되었나요?

입출력 구역에서는 엥겔바트의 마우스뿐만 아니라 지금 키보드의 시초인 타자기와 워드프로세서를 볼 수 있어요. 사람의 얼굴 표정을 입력하면 다른 이모티콘이나 동물의 모습으로 변환해 출력해 주는 얼굴 인식 장치까지 체험할 수 있지요.

컴퓨터는 원래 사실 …

입력장치와 출력장치를 다 둘러보았다면, 옆의 저장장치로 넘어가기 전! 뒤를 돌아 전시실의 중앙에 컴퓨터 발전 초기에 만들어진 개인용 컴퓨터도 한번 보고 갈까요?

넥슨컴퓨터박물관에서 꼭 봐야 하는 전시물! APPLE1을 소개해요. 1976년에 출시된 APPLE1은 스티브 잡스와 스티브 워즈니악이 APPLE 회사에서 제작한 첫 컴퓨터예요.

모니터와 키보드 등 여러 장치와 함께 전시되어 있지만, 여기서 APPLE1은 가운데의 초록색이 메인보드예요. 당시에 스티브 잡스와

스티브 워즈니악은 대략 200대의 APPLE1을 전부 수작업으로 만들었어요. 오늘날에 APPLE1은 전 세계에 50대 정도가 남아 있고, 6대만이 지금까지 작동해요. 6대 중 한 대가 바로 우리 친구들 눈앞에 있는 APPLE1이에요. 놀랍지 않나요? 실제 작동하는 영상은 넥슨컴퓨터박물관 홈페이지나 유튜브 채널에서 확인할 수 있어요.

APPLE1이 의미 있는 이유는 약 43년이 지난 지금도 작동한다는 점도 있지만, 최초로 키보드와 모니터를 연결한 개인용 컴퓨터이기 때문이에요. 컴퓨터는 원래 키보드와 모니터로 구성되는 게 당연한 게 아니냐고요? APPLE1이 출시되기 1년 전까지만 해도 지금의 개인용 컴퓨터 모습이 아니었다고 해요.

1975년에 출시된 개인용 컴퓨터 Altair 8800은 전 세계에서 처음으로 상업적 성공을 거두었고, 개인용 컴퓨터 산업이 발달하는 계기가 된 컴퓨터예요.

이게 컴퓨터라니! 이 컴퓨터는 모니터도 마우스도 키보드도 없어요. 출력 장치인 모니터 대신에 결과 값을 보여 주는 불이 들어오는 램프가 있어요. 또 위와 아래로 올리고 내릴 수 있는 토글스위치를 통해서 0과 1 데이터를 입력할 수 있어요. APPLE1이 개발되면서 단 1년 만에 토글형 스위치에서 마우스로 입력 장치가 바뀌었고, 빨간 램프에서 모니터로 출력장치가 교체된 거예요. 당시에도 컴퓨터의 발전 속도가 엄청나게 빨랐죠? 3층의 히든 스테이지에서 Altair 8800을 직접 체험해 볼 수 있어요.

원래 컴퓨터는 'compute(계산하다)'에 사람을 의미하는 '–er'을 붙

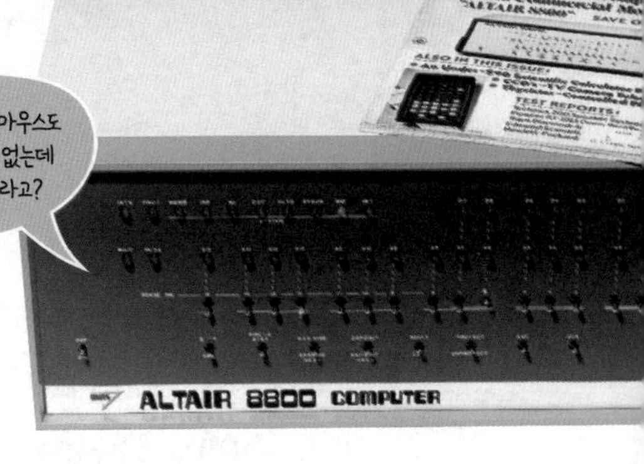

여 만든 단어예요. 반복적으로 계산을 하는 사람을 뜻해요. 초기의 컴퓨터는 사람이 하기에 복잡한 큰 단위의 수학 계산을 하려고 만들었어요. 그래서 일반인보다는 주로 군사시설이나 공학자들이 많이 사용하였지요.

갑자기 궁금하지 않나요? 화면에 숫자와 연산기호만 나타나도 계산할 수 있는데, 왜 지금처럼 컴퓨터의 그래픽 기술이 발전했을까요? 지금부터 그 이유를 찾아 그래픽과 사운드 구역으로 넘어가 볼까요?

게임의 발전과 함께한 그래픽과 사운드!

그래픽의 발전은 컴퓨터 게임의 발전 역사와 함께 이루어졌어요. 컴퓨터 게임은 후기의 발전을 이끌었고, 그 이전에는 닌텐도나 엑스박스, 플레이스테이션과 같은 콘솔게임이 있었어요. 그래픽 구역에서는 단순한 흑백 화면에서 컬러까지, 15년 동안의 그래픽 변천사를 보여 주고 있어요. 제일 먼저 최초의 가정용 콘솔 게임이자 그래픽 발전에 기여한 게임인 마그나복스 오디세이가 눈에 띄네요. 하지만 그래픽을 출력하기에 적합하지 않아서 검은 화면에 하얀색 공들이 두세 개 왔다 갔다 하는 것이 전부예요. 반투명 셀로판지와 주사위,

카드 등으로 게임의 배경을 바꾸어 게임을 했었어요. 지금의 보드게임과 합쳐진 모습이에요.

옆으로 이동해 Hercules Graphics Card(HGC)를 관찰해 보면 녹색, 황갈색, 흰색만 보이네요. 지금의 그래픽과는 비교도 안 되지만, 당시에는 가격도 저렴하고 비교적 높은 해상도를 지원하여 그래픽 카드의 보급을 이끌었다고 해요. 특히 해상도가 좋아 한글이나 한자같이 복잡한 글자를 나타낼 수 있어서 아시아권에서 많이 이용하였어요. 실제로 타이 출신의 개발자가 컴퓨터에 자신의 나라의 언어인 타이어 문자를 표시할 방법을 찾다가 개발한 것이에요. 게임이나 영화를 더 생생하게 즐기기 위한 것으로만 생각했던 그래픽이 초기에는 간단한 문자를 치기 위해서도 끊임없이 발전해왔다는 사실이 재미있지 않나요?

Open Storage

물론 그래픽이 발전한 만큼 사운드도 발전했겠지요? 이제 사운드 구역으로 넘어왔어요. 초기의 컴퓨터들은 원래 게임을 하거나 동영상을 보기 위한 용도가 아니었기 때문에 PC 스피커를 통해 주로 컴퓨터의 고장을 알려주었어요. 사운드 카드의 변천사를 직접 귀로 들을 수 있는 전시물을 통해 과학기술의 발전을 느껴 보세요!

데이터가 되어 마더보드를 돌아다니니 정말 많은 시도와 연구 끝에 편리한 형태로 우리가 혜택을 누리고 있음을 알 수 있었어요. 앞으로의 컴퓨터, 앞으로의 기술은 어떤 모습과 형태를 보일지 더욱 기대되는 하루였어요.

아! 2층 오픈 스테이지도 빼먹지 마세요. 이곳은 세상의 모든 게임을 수집하고 보존하는 넥슨컴퓨터박물관의 도서관이라고 할 수 있어요. 마그나복스 오디세이와 같은 초창기 비디오 게임기부터 그

FAMILY COMPUTER
ROBOT

당시 유행했던 다양한 게임 소프트웨어를 볼 수 있고, 게임기기에 직접 팩을 꽂고 그때의 컨트롤러로 게임을 해 볼 수 있는 공간을 갖추고 있어요.

3층의 히든 스테이지는 컴퓨터가 우리에게 준 '일상을 변화시킨 즐거움'을 살펴보는 공간으로 꾸며져 있어요. 컴퓨터가 제공하는 일상의 즐거움을 여러 가지 각도로 체험하는 3개의 NCM Lab이 있고, 박물관의 하이라이트라고 할 수 있는 오픈 수장고가 있어요. 오픈 수장고에서는 1층에서 만났던 역사적인 컴퓨터뿐만 아니라 발전된 오늘날의 컴퓨터까지 다양한 컴퓨터를 가장 가까이에서 만날 수 있어요.

컴퓨터의 해상도? 픽셀? 화소?

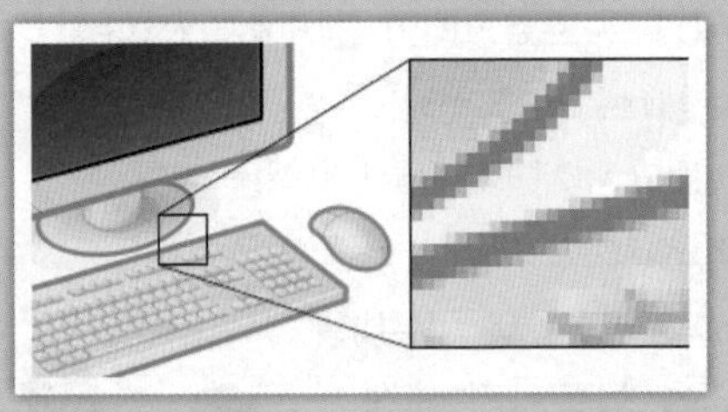

화소 또는 픽셀이란 화면을 구성하는 가장 기본이 되는 단위예요. 사진의 한 부분을 크게 확대하였을 때, 선으로 보였던 부분도 각각의 사각형들이 모여 이루어져 있음을 알 수 있어요. 여기서 하나의 사각형을 픽셀(화소)이라고 해요. 해상도란 모니터에 표현된 그림이나 글씨가 표현될 때 섬세함의 정도, 즉 밀도를 의미해요.

스페셜 스테이지

지하 1층에는 특별 전시실이 마련되어 있어요. 최초의 아케이드 게임기인 〈컴퓨터 스페이스(Computer Space)〉와 〈퐁(PONG)〉부터 1980~1990년대 우리 사회에 게임 문화를 탄생시킨 다양한 대전 게임들과 슈팅 게임 그리고 스포츠 게임까지, 어린 시절 우리들을 즐겁게 했고, 지금 우리의 상상력을 새롭게 자극할 역사적인 아케이드 게임들을 만날 수 있어요.

카페 인트(int.)

인트(int.)는 프로그래밍 언어에서 쓰이는 정수형(integer)을 뜻해요. 컴퓨터박물관을 둘러보고 나서 이곳에서 휴식을 취할 수 있어요. 키보드 모양의 와플, 마우스 모양의 빵과 같이 컴퓨터와 게임을 접목시킨 개성 있는 메뉴들을 만날 수 있어요.

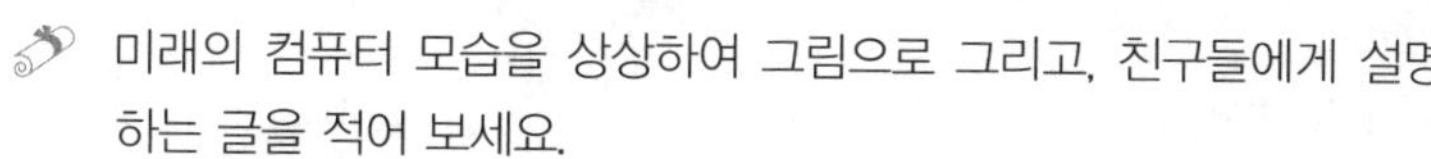

미래의 컴퓨터 모습을 상상하여 그림으로 그리고, 친구들에게 설명하는 글을 적어 보세요.

● 미래의 컴퓨터 모습

● 미래의 컴퓨터 특징

광나루안전체험관

과학여행과 함께 안전을 챙겨요!

서울 광나루에 위치한 안전 체험관은 지진, 화재, 태풍과 같은 여러 재난 상황을 가상으로 미리 직접 체험하면서 안전 교육을 받을 수 있는 체험관이에요. 현직 소방관들이 태풍, 화재대피, 건물탈출체험, 해상에서의 탈출, 승강기 안전체험을 직접 할 수 있게 도와주어 재난 대처 능력을 키우고 안전의식을 높일 수 있어요.

실제로 문제 상황이 발생하였을 때 보호자가 올바르게 알고 대처하는 것이 가장 중요하기 때문에 아이들뿐만 아니라 어른들도 함께 교육에 참여할 수 있어요. 온 가족이 함께 안전을 체험해 볼까요?

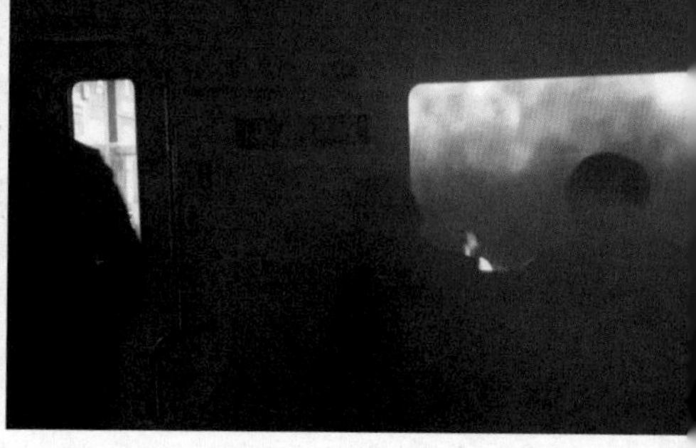

지하철에서 사고가 생긴다면?

안전체험관은 영상이나 강의로 배우는 것이 아니라 실제 상황을 체험할 수 있도록 꾸며져 있어요.

먼저 우리가 자주 이용하는 지하철에서 사고가 발생한다면 어떻게 해야 할까요? 실제 지하철처럼 실감 나게 꾸며진 체험관에서 다양한 사고를 가상하여 체험해 볼 수 있어요. 열차 안에 연기가 가득 찼을 경우, 전기가 모두 나갔을 경우, 열차에 충격이 있을 경우 등을 실제 상황처럼 체험하며 안전에 대해 배울 수 있고, 응급 상황이 발생하였을 경우 대처 방법 및 응급 치료법도 익힐 수 있어요.

건물을 탈출해야 하는 상황에서는?

낮은 건물에서 불이 난 경우는 비상계단이나 비상 통로를 이용하여 탈출해야 해요. 만일 고층 건물에서 불이 나서 건물을 탈출해야 하는 상황에서는 어떻게 해야 할까요? 우선 주변에 완강기가 있는지 살펴보세요. 완강기는 몸에 안전벨트를 매고 높은 층에서 땅으로 천천히 내려갈 수 있도록 만들어진 비상용 기구예요. 완강기는 보통 피난계단이 멀리 떨어져 있고, 화재가 발생했을 경우 고립되기 쉬운 곳에 설치되어 있어요.

우선 지지대를 창밖으로 설치한 뒤, 지지대 고리에 완강기 후크를 안전하게 걸고, 후크를 돌려서 잠그고 줄을 창밖으로 던져요. 그러고 나서 원형으로 생긴 안전벨트를 가슴에 걸고 몸에서 흘러내리지 않게 꼭 조여 주어야 해요. 그 다음은 벽면을 바라보면서 양옆으로 손을 뻗은 채로 벽에 가볍게 손을 대면서 내려와야 해요. 이때 손을 위로 뻗으면 안 되니 주의해야 해요. 실제 위급한 상황에서는 더 당황할 수 있고, 맨몸으로 줄에 의지해 내려와야 하기 때문에 무서움이 클 수도 있어요. 이렇게 직접 교육을 받고 체험을 해 보면 어떠한 상황에서도 당황하지 않고 대처할 수 있을 거예요.

지진, 태풍 등의 자연재해가 발생하였을 때는 …

지진·태풍 안전 체험장에서는 지진 규모 1에서 7까지 규모의 지진을 체험해 볼 수 있어요. 얼마 전 포항에서 발생한 지진 때와 비슷한 규모까지 체험이 가능하다고 해요. 지진이 발생했을 경우의 대처 요령을 듣고, 일반 가정집처럼 꾸며진 체험장 내부에서 방 안에 있는 가구와 물건들을 이용해서 실제로 대처해 볼 수 있게 꾸며져 있어요.

또 중형 태풍과 비슷한 정도의 바람까지 체험해 볼 수 있어요. 어른들

도 몸을 가누기 힘든 태풍을 체험해 보면 태풍이 왔을 때 대피와 대처가 얼마나 중요한지 알 수 있을 거예요.

태풍이 심할 때에는 안전한 곳으로 대피하는 것이 우선이에요. 그리고 베란다 등의 큰 창문은 태풍으로 깨질 수 있으므로, 창문의 연결 부위에 테이프로 고정해 주면 2차 사고를 방지할 수 있다고 해요.

이 밖에도 배에서 탈출하는 방법, 화재시 대피 요령 및 소화기 사용법, 응급처치 요령 등을 체험해 볼 수 있어요. 안전은 우리 스스로를 보호하고 이웃을 보호하는 꼭 필요한 활동이에요. 이곳에서는 안전 체험 후에 체험 수료증도 준다고 해요. 우리 친구들 모두 안전지킴이가 되어 볼까요?

소화기 체험
Fire Extinguisher
Experience
灭火器体验
화장실
출입금지
생활 안전 체험실
안전호
미리 신청하면 재난 체험
외에도 전문 교육을 받을 수
있어요. 모든 체험과 교육은
사전에 홈페이지를 이용해
신청 가능하답니다.

주소 서울특별시 광진구 능동 능동로 238

체험시간 09:00~17:00(수요일 야간체험은 19:00부터 종료시까지)

휴관일 매주 월요일, 1월1일, 설날/추석 명절 당일

입장료 무료

체험가능연령 재난체험 6세 이상, 새싹어린이안전체험 5~7세

문의 02-2049-4061

준비물 사진기, 편한 옷차림, 필기도구

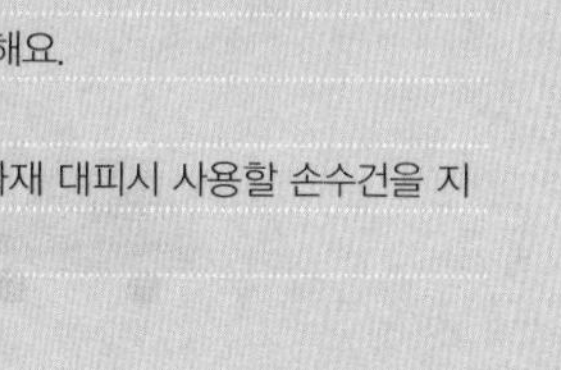

☆ 자유 관람은 불가능하며 소방관 교관의 인솔에 하에 체험이 가능해요.

☆ 모든 체험은 인터넷에서 사전예약해야 해요.

☆ 체험의 특성상 치마 · 굽 높은 구두는 체험이 제한될 수 있어요. 화재 대피시 사용할 손수건을 지참하면 좋아요.

전국의 안전체험관 정보

서울 광나루 체험관 외에도 전국에 안전체험교육 프로그램을 운영하는 곳들이 많이 있어요. 가까운 곳부터 한번 가 볼까요?

부산광역시 안전체험관

충청남도 안전체험관

전라북도 안전체험관

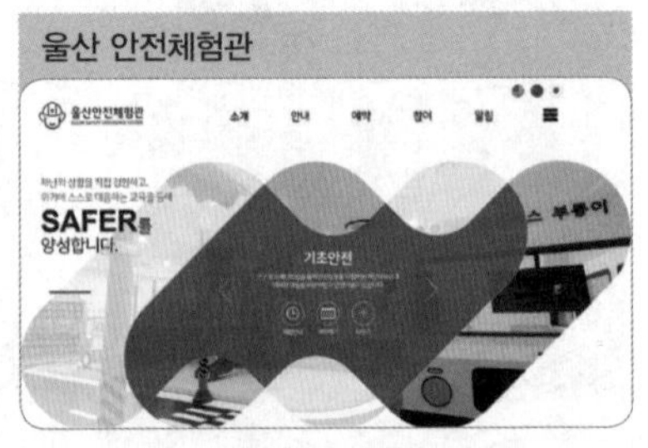

울산 안전체험관

대구시민안전테마파크

부평 안전체험관

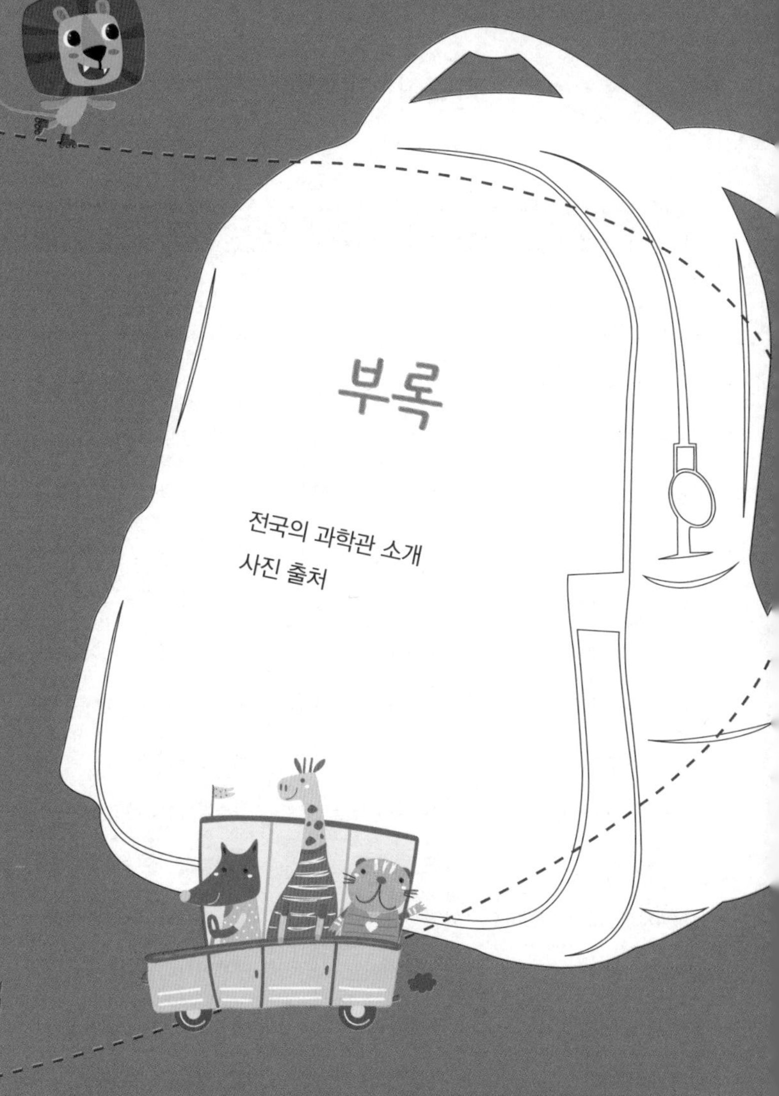

부록

전국의 과학관 소개

사진 출처

부록

전국의 과학관 소개

과학관명	주제분류	과학관 주소	예약 및 문의
서울			
서대문자연사박물관	자연사 / 자연 · 생태	서울특별시 서대문구 연희로32길 51	02-330-8899
서울특별시교육청과학전시관	교육 · 문학 / 어린이	서울특별시 관악구 낙성대로 101	02-881-3000
노원우주학교	자연사 / 천문 · 지질	서울특별시 노원구 동일로 205길 13	02-971-6232
육영재단어린이회관	교육 · 문학 / 어린이	서울특별시 광진구 광나루로 441	02-2204-6028
한생연융합교육과학관	종합과학관	서울특별시 종로구 성균관로 79	02-762-5070
한생연생명과학박물관	자연사 / 자연 · 생태	서울특별시 양천구 목동동로 206-1	02-2648-6114
LG사이언스홀서울	종합과학관	서울특별시 영등포구 여의대로 128	02-3773-1053
과학동아천문대	자연사 / 천문 · 지질	서울특별시 용산구 청파로 109	02-3148-0704
충우곤충박물관	자연사 / 동물	서울특별시 강서구 강서로 139	02-2601-3998
국립산림과학원산림과학관	자연사 / 자연 · 생태	서울특별시 동대문구 회기로 57	02-961-2552
디지털파빌리온	종합과학관	서울특별시 마포구 월드컵북로 396	02-2132-0500
에너지체험관행복한아이	교육 · 문학 / 어린이	서울특별시 금천구 남부순환로 1418	02-2191-1400
한생연실험누리과학관	종합과학관	서울특별시 강남구 도곡로 408	02-552-3166
한생연인간과로봇과학관	종합과학관	서울특별시 송파구 올림픽로 145	02-423-5123
(주)미래세움	산업 · 기술	서울특별시 용산구 이태원로 268-20	02-540-4488
(주)사이엑스	산업 · 기술	서울특별시 영등포구 선유로 233	02-334-3171
서울시립과학관	종합과학관	서울특별시 노원구 한글비석로 160	02-970-4500
국립어린이과학관	교육 · 문학 / 어린이	서울특별시 종로구 창경궁로 215	02-3668-3350

과학관명	주제분류	과학관 주소	예약 및 문의
경기도			
경기도융합과학교육원과학전시관	교육 · 문학 / 어린이	경기도 수원시 장안구 수일로 135	031-250-1708
국립과천과학관	종합과학관	경기도 과천시 상하벌로 110	02-3677-1500
남양주유기농테마파크	자연사 / 자연 · 생태	경기 남양주시 조안면 북한강로 881	031-560-1471
마이크로과학관 (마이크로과학박물관)	종합과학관	경기도 성남시 분당구 성남대로 381	031-711-0154
(재)부천산업진흥재단 (부천로보파크)	산업 · 기술	경기도 부천시 원미구 평천로 655	070-7094-5479
아해한국전통문화어린이박물관	박물관 · 기념관	경기도 과천시 추사로 133	02-3418-5501
왈츠와닥터만커피박물관	박물관 · 기념관	경기도 남양주시 북한강로 856-37	031-576-6051
우석헌자연사박물관	자연사 / 자연 · 생태	경기 남양주시 진접읍 금강로 1095 자연사박물관	031-572-9555
의정부과학도서관 천문우주체험실	자연사 / 천문 · 지질	경기도 의정부시 추동로 124번길 52	031-828-8666
인체과학박물관	자연사 / 자연 · 생태	경기도 고양시 일산서구 중앙로 157…	031-912-5114
주필거미박물관	자연사 / 자연 · 생태	경기도 남양주시 조안면 운길산로 316	031-576-7908
한국카메라박물관	교육 · 문학 / 역사	경기도 과천시 대공원광장로 8	02-502-4123
한얼테마과학관	박물관 · 기념관	경기도 여주군 대신면 대신1로 298	031-881-6319
(주)포디랜드포디 수리과학창의연구소	산업 · 기술	경기도 구리시 장자대로 1번길 82-9	031-553-1011
안성맞춤천문과학관	자연사 / 천문 · 지질	경기도 안성시 보개면 남사당로 198-9	031-675-6975
의왕조류생태과학관	자연사 / 자연 · 생태	경기도 의왕시 왕송못동로 209	031-8086-7490
포천아트밸리천문과학관	자연사 / 천문 · 지질	경기도 포천시 신북면 아트밸리로 234	031-538-3487
(주)민제생태환경과학관	자연사 / 자연 · 생태	경기도 용인시 기흥구 중부대로 666	031-693-5530
어메이징파크과학관	테마공원 · 체험관	경기도 포천시 신북면 탑신로 860	031-532-1881

과학관명	주제분류	과학관 주소	예약 및 문의
자연과별가평천문대	자연사 / 천문 · 지질	경기도 가평군 북면 백둔로 342번길 115-33	031-581-4001
(재)송암스페이스센터	자연사 / 우주	경기도 양주시 장흥면 권율로 185번길 103(석현리 410)	031-894-6000
우석헌자연사디스커버리센터	자연사 / 자연 · 생태	경기도 남양주시 진접읍 금강로 1095	031-572-9555
인천			
강화은암자연사박물관	자연사 / 자연 · 생태	인천광역시 강화군 송해면 장정양오길 437	032-934-8872
옥토끼우주센터	자연사 / 우주	인천광역시 강화군 불은면 강화동로 403	032-937-6918
인천광역시교육과학연구원 (인천학생과학관)	교육 · 문학 / 어린이	인천광역시 중구 영종대로 277번길 74-10	032-751-8100
인천어린이과학관	종합과학관	인천광역시 계양구 방축로 21	032-550-3300
소리체험박물관	박물관 · 기념관	인천광역시 강화군 길상면 해안남로 474-11	032-937-7154
인천나비공원	자연사 / 자연 · 생태	인천광역시 부평구 평천로 26-47	032-509-8820
강원도			
춘천교육지원청창의교육지원센터	교육 · 문학 / 어린이	강원도 춘천시 둥지길 56	033-250-9430
국토정중앙천문대	자연사 / 천문 · 지질	강원도 양구군 남면 국토정중앙로 127	033-480-2586
영월곤충박물관	자연사 / 자연 · 생태	강원도 영월군 영월읍 동강로 716	033-374-5888
영월동굴생태관	자연사 / 자연 · 생태	강원도 영월군 김삿갓면 영월동로 1121-15	033-372-6628
참소리축음기박물관	박물관 · 기념관	강원도 강릉시 경포로 393	033-655-1130
천문인마을	자연사 / 천문 · 지질	강원도 횡성군 강림면 월안1길 82	033-342-9023
태백고생대자연사박물관	자연사 / 자연 · 생태	강원도 태백시 태백로 2249	033-581-3003
태백석탄박물관	자연사 / 자연 · 생태	강원도 태백시 천제단길 195	033-552-7720
홍천생명건강과학관	자연사 / 자연 · 생태	강원도 홍천군 홍천읍 생명과학관길 78	033-430-2836
빅스톤사이언스센터와카푸카	테마공원 · 체험관	강원도 평창군 용평면 작은도사길 162-49	033-334-3202

과학관명	주제분류	과학관 주소	예약 및 문의
한생연자연속과학체험관	자연사 / 자연 · 생태	강원도 홍천군 남면 한서로 3053 한생연 자연학교	070-7605-5650
화천조경철천문대	자연사 / 천문 · 지질	강원도 화천군 사내면 천문대길 453	033-818-1929
부산			
금련산청소년수련원	수련원	부산광역시 수영구 황령산로 156	051-625-0709
부산광역시어린이회관	교육 · 문학 / 어린이	부산광역시 부산진구 성지곡로 33번길 29-28	051-810-8800
부산광역시과학교육원	종합과학관	부산광역시 연제구 토곡로 70	051-750-1217
SEALIFE부산아쿠아리움	자연사 / 동물	부산광역시 해운대구 해운대해변로 266	051-740-1700
부산해양자연사박물관	자연사 / 해양	부산광역시 동래구 우장춘로 175	051-553-4944
국립수산과학관	자연사 / 해양	부산광역시 기장군 기장읍 기장해안로 216	051-720-3061
LG사이언스홀부산	종합과학관	부산광역시 부산진구 새싹로 165	051-808-3600
국립해양박물관	자연사 / 해양	부산광역시 영도구 해양로 301번길 45	051-309-1752
부산과학기술협의회	산업 · 기술	부산광역시 기장군 기장읍 동부산관광로 6로 59	051-501-3124
부산유아교육진흥원	교육 · 문학 / 어린이	부산광역시 사하구 다대로 529번길 11	051-220-6213
국립부산과학관	종합과학관	부산광역시 기장군 기장읍 동부산관광6로 59	051-750-2362
부산과학체험관	종합과학관	부산광역시 동구 중앙대로260번길 11	051-792-3000
경상남도			
거제조선해양문화관	자연사 / 해양	경상남도 거제시 일운면 지세포 해안로 41	055-639-8270
경상남도교육청과학교육원	교육 · 문학 / 어린이	경상남도 진주시 진성면 진의로 178-35	055-760-8101
창원과학체험관	테마공원 · 체험관	경상남도 창원시 의창구 충혼로72번길 16	055-267-2676
천적생태과학관 (거창천적생태과학관)	자연사 / 자연 · 생태	경상남도 거창군 거창읍 정장길 171-54	055-940-3929

과학관명	주제분류	과학관 주소	예약 및 문의
김해천문대	자연사 / 천문 · 지질	경상남도 김해시 가야테마길 254	055-337-3785
고성공룡테마과학관	자연사 / 자연 · 생태	경상남도 고성군 회화면 당항만로 1116	055-670-4501
화포천습지생태공원	자연사 / 자연 · 생태	경상남도 김해시 한림면 한림로 183-300	055-342-9834
거창월성우주창의과학관	자연사 / 우주	경상남도 거창군 북상면 덕유월성로 1312-96	070-4693-5470
지리산생태과학관	자연사 / 자연 · 생태	경상남도 하동군 악양면 섬진강대로 3358-30	055-884-3026
부경동물원	자연사 / 동물	경상남도 김해시 유하로 226번길 70	055-338-5250
양산시3D과학체험관	종합과학관	경상남도 양산시 웅상대로 1009-1	055-392-5608
사천첨단항공우주과학관	자연사 / 우주	경상남도 사천시 사남면 공단1로 108	055-831-3344
옥포대첩기념공원	종합과학관	경상남도 거제시 팔랑포2길 87	055-639-8129
통영수산과학관	자연사 / 해양	경상남도 통영시 산양읍 척포길 628-111	055-646-5704
함양약초과학관	자연사 / 자연 · 생태	경상남도 함양군 안의면 용추계곡로 176	055-964-4300
경상북도			
경상북도교육청과학원	교육 · 문학 / 어린이	경상북도 포항시 북구 우미길 93	054-230-5599
구미과학관	종합과학관	경상북도 구미시 3공단1로 219-1	054-476-6508
로보라이프뮤지엄	산업 · 기술	경상북도 포항시 남구 지곡로 39	054-279-0427
문경에코랄라	산업 · 에너지	경상북도 문경시 가은읍 왕능길 112	054-550-6424
신라역사과학관	박물관 · 기념관	경상북도 경주시 하동공예촌길 33	054-745-4998
영양반딧불이천문대	자연사 / 천문 · 지질	경상북도 영양군 수비면 반딧불이로 129	054-680-5332
예천천문우주센터 (재단법인 스타항공우주)	자연사 · 우주	경상북도 예천군 감천면 충효로 1078	054-654-1710
울진곤충여행관	자연사 / 동물	경상북도 울진군 근남면 친환경엑스포로 25	054-789-5500
울진과학체험관	테마공원 · 체험관	경상북도 울진군 울진읍 연지길 30	054-781-4259

과학관명	주제분류	과학관 주소	예약 및 문의
김천녹색미래과학관	종합과학관	경상북도 김천시 혁신6로 31	054-429-1600
콩세계과학관	종합과학관	경상북도 영주시 부석면 영부로 23	054-639-7583
민물고기생태체험관 (경상북도 민물고기생태체험관)	자연사 / 자연 · 생태	경상북도 울진군 근남면 불영계곡로 3532	054-783-9413
영천최무선과학관	종합과학관	경상북도 영천시 금호읍 창산길 100-29	054-331-7096
울진해양생태관(울진아쿠아리움)	자연사 / 해양	경상북도 울진군 근남면 친환경엑스포로 25	054-789-5530
영천보현산천문과학관	자연사 / 천문 · 지질	경상북도 영천시 화북면 별빛로 681-32	054-330-6447

대구

과학관명	주제분류	과학관 주소	예약 및 문의
대구창의융합교육원과학관	교육 · 문학 / 어린이	대구광역시 수성구 동대구로 172	053-231-1159
국립대구과학관	종합과학관	대구광역시 달성군 유가면 테크노대로 6길 20	053-670-6114
창공과학관	교육 · 문학 / 어린이	대구광역시 달성군 유가면 달창로 28길 31	053-616-6225
대구기상지청(국립대구기상과학관)	종합과학관	대구광역시 동구 효동로 2길 10	053-953-0365
어린이회관(대구광역시어린이회관)	교육 · 문학 / 어린이	대구광역시 수성구 동대구로 176	053-760-0613

울산

과학관명	주제분류	과학관 주소	예약 및 문의
울산과학관	교육 · 문학 / 어린이	울산광역시 남구 남부순환도로 111 울산과학관	052-220-1700
태화강생태관	자연사 / 해양	울산 울주군 범서읍 구영로 31	052-229-8580

대전/세종

과학관명	주제분류	과학관 주소	예약 및 문의
국립중앙과학관	종합과학관	대전광역시 유성구 대덕대로 481	042-601-7894
대전교육과학연구원	교육 · 문학 / 어린이	대전광역시 유성구 대덕대로 507-50	042-865-6300
대전마케팅공사	종합과학관	대전광역시 유성구 대덕대로 480	042-250-1111
대전시민천문대	자연사 / 천문 · 지질	대전광역시 유성구 과학로 213-48	042-863-8763
옛터민속박물관	박물관 · 기념관	대전광역시 동구 산내로 321-35	042-274-0016

과학관명	주제분류	과학관 주소	예약 및 문의
충남대학교자연사박물관	자연사 / 자연 · 생태	대전광역시 유성구 대학로 99	042-821-5291
충청남도교육청과학교육원	교육 · 문학 / 어린이	대전광역시 중구 문화로 234번길 54	042-580-3305
사단법인한국천문우주과학관협회	자연사 / 천문 · 지질	대전광역시 유성구 관평동 1342 디티비안 오피스텔 B동 211호	042-861-1108
한남대학교자연사박물관	자연사 / 자연 · 생태	대전광역시 대덕구 한남로 70	042-629-7699
지질박물관	자연사 / 천문 · 지질	대전광역시 유성구 과학로 124 한국지질자원연구원	042-868-3798

충청남도

과학관명	주제분류	과학관 주소	예약 및 문의
계룡산자연사박물관	자연사 / 자연 · 생태	충청남도 공주시 반포면 임금봉길 49-25	042-824-4055
당진해양테마과학관	자연사 / 해양	충청남도 당진시 신평면 삽교천3길 79	041-363-6960
아산장영실과학관	교육 · 문학 / 어린이	충청남도 아산시 실옥로 220	041-903-5594
청양칠갑산천문대	자연사 / 천문 · 지질	충청남도 청양군 정산면 한티고개길 178-46	041-940-2790
한국도량형박물관	박물관 · 기념관	충청남도 당진시 산곡길 219-4	041-356-9739
홍성조류탐사과학관	자연사 / 자연 · 생태	충청남도 홍성군 서부면 남당항로 934-14	041-630-9696
천리포수목원	자연사 / 자연 · 생태	충청남도 태안군 소원면 천리포1길 187	041-672-9982
JH체험과학관	교육 · 문학 / 어린이	충남 예산군 대술면 장복국화동길 39-8	041-333—7337
영인산산림박물관	자연사 / 자연 · 생태	충청남도 아산시 염치읍 아산온천로 16-30	041-537-3786
천안홍대용과학관	자연사 / 천문 · 지질	충청남도 천안시 수신면 장산서길 113	041-564-0113
갯벌생태과학관(보령서해갯벌과학관)	자연사 / 해양	충청남도 보령시 대흥로 63	041-930-4947
서산류방택천문기상과학관	자연사 / 천문 · 지질	충청남도 서산시 인지면 무학로 1353-4	041-669-8496

충청북도

과학관명	주제분류	과학관 주소	예약 및 문의
별새꽃돌과학관	자연사 / 자연 · 생태	충청북도 제천시 봉양읍 옥전4길 45	043-653-6534
세계술문화박물관 · 발효교육과학관	박물관 · 기념관	충청북도 충주시 중앙탑면 탑정안길 12	043-855-7333

과학관명	주제분류	과학관 주소	예약 및 문의
한방생명과학관(제천한방생명과학관)	교육·문학 / 의학	충청북도 제천시 한방엑스포로 19	043-653-9550
철박물관	종합과학관	충청북도 음성군 감곡면 영산로 360	043-883-2321
충주고구려천문관	자연사 / 천문·지질	충청북도 충주시 중앙탑면 묘곡내동길 100	043-842-3247
충주자연생태체험관	자연사 / 자연·생태	충청북도 충주시 동량면 지등로 260	043-856-3620
충청북도자연과학교육원	교육·문학 / 어린이	충청북도 청주시 상당구 대성로 150	043-229-1971
증평좌구산천문대	자연사 / 천문·지질	충청북도 증평군 증평읍 솟점말길 187	043-835-4571

광주

과학관명	주제분류	과학관 주소	예약 및 문의
광주광역시창의융합교육원	교육·문학 / 어린이	광주광역시 동구 의재로109번길 10	062-220-9766
국립광주과학관	종합과학관	광주광역시 북구 첨단과기로 235	062-960-6210

전라남도

과학관명	주제분류	과학관 주소	예약 및 문의
국립청소년우주센터	자연사 / 우주	전라남도 고흥군 동일면 덕흥양쪽길 200	061-830-1500
나로우주센터우주과학관	자연사 / 우주	전라남도 고흥군 봉래면 하반로 490	061-830-8700
목포자연사박물관	자연사 / 자연·생태	전라남도 목포시 남농로 135	061-274-3655
섬진강어류생태관	자연사 / 자연·생태	전라남도 구례군 간전면 간전중앙로 47	061-781-3665
순천만천문대	자연사 / 천문·지질	전라남도 순천시 순천만길 513-25	061-749-6056
전라남도완도수목원	자연사 / 자연·생태	전라남도 완도군 군외면 청해진북로88번길 156	061-552-1544
정남진천문과학관	자연사 / 천문·지질	전라남도 장흥군 장흥읍 평화우산길 180-608	061-860-0651
전라남도과학교육원	교육·문학 / 어린이	전라남도 나주시 금천면 영산로 5695	061-330-2021
해양수산과학관(전라남도해양수산과학관)	자연사 / 해양	전라남도 여수시 돌산읍 돌산로 2876	061-644-4136
자연생태과학관(함평자연생태과학관)	자연사 / 자연·생태	전라남도 함평군 대동면 학동로 1398-77	061-320-2856

과학관명	주제분류	과학관 주소	예약 및 문의
해남공룡박물관	자연사 / 자연 · 생태	전라남도 해남군 황산면 공룡박물관길 234	061-530-5324
땅끝해양자연사박물관	자연사 / 해양	전라남도 해남군 송지면 중대동길 5-4	061-535-2110
목포어린이바다과학관	자연사 / 해양	전라남도 목포시 삼학로 92번길 98	061-242-6359
한국민물고기과학관	자연사 / 해양	전라남도 함평군 함평읍 곤재로 27	061-320-2218
고흥우주천문과학관	자연사 / 우주	전라남도 고흥군 도양읍 영정리 장기산 선암길 353	061-830-6690
곡성섬진강천문대	자연사 / 천문 · 지질	전라남도 구례군 구례읍 섬진강로 1234	061-363-8528
정남진물과학관	자연사 / 해양	전라남도 장흥군 장흥읍 행원강변길 20	061-863-0051
국제환경천문대과학관	자연사 / 천문 · 지질	전라남도 담양군 수북면 대방리 한수동로 872	061-381-8361
무안황토갯벌랜드	자연사 / 해양	전라남도 무안군 해제면 만송로 36	061-450-5631

전라북도

과학관명	주제분류	과학관 주소	예약 및 문의
남원항공우주천문대	자연사 / 천문 · 지질	전라북도 남원시 양림길 48-63	063-620-6900
농업과학관	산업 · 농업 · 산림	전라북도 전주시 완산구 농생명로 300	063-283-1300
무주반디별천문과학관	자연사 / 천문 · 지질	전라북도 무주군 설천면 무설로 1324	063-320-5680
전라북도과학교육원	교육 · 문학 / 어린이	전라북도 익산시 선화로 836-2(부송동)	063-917-7114
순창건강장수체험과학관	자연사 / 자연 · 생태	전라북도 순창군 인계면 인덕로 427-127	063-650-1538
국립청소년농생명센터	수련원	전라북도 김제시 부량면 벽골제로 421	063-540-5600
만경강수생생물체험과학관	자연사 / 해양	전라북도 완주군 고산면 고산휴양림로	063-290-2762
부안곤충탐사과학관 (누에곤충과학관)	자연사 / 자연 · 생태	전북 부안군 부안읍 당산로 91	063-580-4082
정읍첨단과학관	종합과학관	전라북도 정읍시 금구길 29	063-539-5663
국립전북기상과학관	종합과학관	전라북도 정읍시 서부산업도로 168-43(상평동)	063-537-1365

과학관명	주제분류	과학관 주소	예약 및 문의
제주도			
생각하는정원((주)청원)	자연사 / 자연 · 생태	제주특별자치도 제주시 한경면 녹차분재로 675	064-772-3701
제주미래교육연구원	교육 · 문학 / 어린이	제주특별자치도 제주시 산록북로 421	064-710-0800
제주별빛누리공원	자연사 / 천문 · 지질	제주특별자치도 제주시 선돌목동길 60	064-728-8900
제주특별자치도민속자연사박물관	박물관 · 기념관	제주특별자치도 제주시 삼성로 40	064-710-7708
제주항공우주박물관	자연사 / 우주	제주특별자치도 서귀포시 안덕면 녹차분재로 218	064-800-2000
아이디어생활과학관	종합과학관	제주특별자치도 서귀포시 대정읍 보성구억로 119	064-792-5688
서귀포천문과학문화관	자연사 / 천문 · 지질	제주특별자치도 서귀포시 1100로 506-1	064-739-9701
제주해양과학관	자연사 / 자연 · 생태	제주특별자치도 서귀포시 성산읍 섭지코지로 95	064-780-0900

부록

사진 출처

사진을 제공해 주신 각 과학관 및 공공기관 관계자분들께 감사드립니다.

- 서울시립과학관 http://science.seoul.go.kr/
- 태백고생대자연사박물관 http://www.paleozoic.go.kr/
- 고성공룡박물관 https://museum.goseong.go.kr/
- 한탄강지질공원센터 http://museum.hantangeopark.kr/
- 국립생태원 http://www.nie.re.kr/
- 국립낙동강생물자원관 http://www.nnibr.re.kr/
- 국립해양생물자원관 http://www.mabik.re.kr/
- 천수만, 서산버드랜드 http://www.seosanbirdland.kr/
- 서울하수도과학관 https://sssmuseum.org/
- 진천종박물관 http://www.jincheonbell.net/
- 뮤지엄김치간 https://www.kimchikan.com/
- 최무선과학관 https://www.yc.go.kr/toursub/cms/
- 서울에너지드림센터 http://www.seouledc.or.kr/
- 번개과학관 http://www.sklec.com/lightning/
- 참소리축음기&에디슨과학박물관 http://www.edison.kr/
- 천안홍대용과학관 http://www.cheonan.go.kr/damheon.do
- 국립대구기상과학관 http://msm.kma.go.kr/
- 화천조경철천문대 http://www.apollostar.kr/

• 나로우주센터 우주과학관	https://www.kari.re.kr/narospacecenter/
• 메이커시티, 세운상가	http://sewoon.org/
• 서울새활용플라자	http://www.seoulup.or.kr
• 넥슨컴퓨터박물관	http://www.nexoncomputermuseum.org/
• 광나루안전체험관	http://safe119.seoul.go.kr/
• 기타 이미지	Shutterstock

서울시립과학관 선생님들과 함께하는 과학 여행

1판 1쇄 펴냄 | 2019년 9월 30일
1판 2쇄 펴냄 | 2020년 5월 25일

지은이 | 이정모 · 유정숙 · 이준하 · 최승혜 · 최지훈 · 허송이
발행인 | 김병준
편　집 | 김경찬
마케팅 | 정현우
디자인 | 여현미 · 이순연
발행처 | 상상아카데미

등록 | 2010. 3. 11. 제313-2010-77호
주소 | 경기도 파주시 회동길 37-42 파주출판도시
전화 | 031-955-1337(편집), 031-955-1321(영업)
팩스 | 031-955-1322
전자우편 | main@sangsangaca.com
홈페이지 | http://sangsangaca.com

ISBN 979-11-85402-25-3 43400

이 도서의 국립중앙도서관 출판시도서목록(CIP)은
서지정보유통지원시스템 홈페이지(http://seoji.nl.go.kr)와
국가자료공동목록시스템(http://www.nl.go.kr/kolisnet)에서
이용하실 수 있습니다.(CIP제어번호: CIP2019036541)